KB179001

플레밍이 들려주는 페니실린 이야기

플레밍이 들려주는 페니실린 이야기

초　판　1쇄 발행일 | 2005년 9월 20일
개정판　1쇄 발행일 | 2010년 9월 1일
개정판 12쇄 발행일 | 2021년 5월 31일

지은이 | 김영호
펴낸이 | 정은영
펴낸곳 | (주)자음과모음

출판등록 | 2001년 11월 28일 제2001－000259호
주　　소 | 04047 서울시 마포구 양화로6길 49
전　　화 | 편집부 (02)324－2347, 경영지원부 (02)325－6047
팩　　스 | 편집부 (02)324－2348, 경영지원부 (02)2648－1311
e－mail　| jamoteen@jamobook.com

ISBN 978－89－544－2049－5 (44400)

플레밍이 들려주는

페니실린 이야기

| 김영호 지음 |

(주)자음과모음

위대한 미생물학자가 되고 싶은 청소년을 위한 '항생제' 이야기

여러분은 눈에 보이지 않는 작은 생물이 평소에 우리와 함께하고 있다는 사실을 느끼십니까? 그들은 우리 주변에 항상 존재하고 있지만 맨눈으로 찾아내기란 쉽지 않답니다. 눈에 보이지 않는 작은 생물을 '미생물'이라고 부릅니다. 미생물은 공기 중에도, 매일 마시는 물속에도, 흙 속에도 살고 있습니다.

그런데 우리가 이런 미생물에 관심을 갖기 시작한 것은 불과 150년 정도밖에 되지 않았답니다. 파스퇴르나 코흐 같은 미생물학자가 연구에 연구를 거듭해 병이 나 죽거나, 썩은 음식물을 먹고 일으킨 배탈 같은 현상들은 바로 눈에 보이지 않던 미생물 때문이라는 것을 알아내기 시작한 것이지요.

1945년, 영국의 의사이자 미생물학자인 플레밍은 우연히 몸에 해로운 병원균만을 가려서 죽이거나 자라지 못하게 할 수 있는 항생 물질을 발견하게 되었습니다. 파스퇴르가 미생물을 다루는 방법에 대해 이야기하기 시작한 지 거의 70여 년이 지난 때였습니다.

1928년 플레밍은 포도상 구균을 배양하던 배지 접시에 날아 들어온 곰팡이 포자가 자라면서 포도상 구균을 자라지 못하게 하는 장면을 관찰하게 되지요. 우연한 자연 현상에 불과할 수 있었던 일이 과학자의 예리한 관찰력 덕분에 수많은 인명을 구해 내는 항생제 개발로 이어질 수 있었던 것입니다.

이 책을 읽는 여러분에게 생명 과학의 넓은 세계를 상상해 보게 하고 싶습니다. 특히 생명 과학에 관심과 흥미를 갖고 생명 과학자로서의 길을 걷고자 하는 독자라면 하나의 계기가 되었으면 하는 바람으로 이 글을 썼습니다.

생명 과학과 관련된 여러 학문 분야는 물리학이나 화학 같은 이론 분야라기보다 실험 과학입니다. 인류 최초의 항생제, 페니실린을 개발해 가는 과정을 통해서 생명 과학의 미래를 상상해 보시기 바랍니다.

김영호

차례

부록

첫 번째 수업 1

사람에게 왜 병이 생기는 것일까요?

사람이 병에 걸렸다는 것은 무엇일까요?
병에 대한 사람들의 인식이 언제부터 확립되었는가를 살펴봅시다.

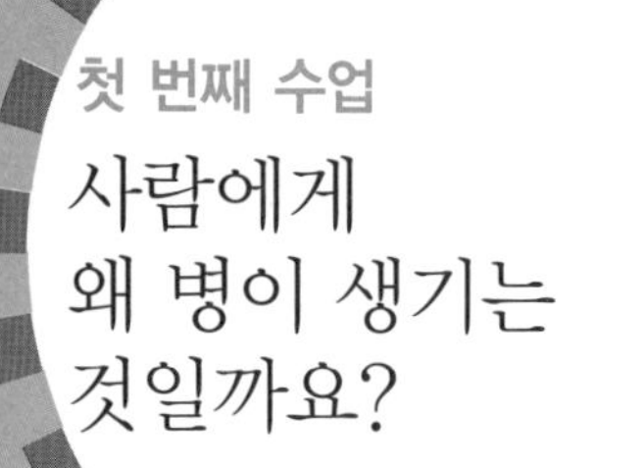

첫 번째 수업

사람에게 왜 병이 생기는 것일까요?

교. 과. 연. 계.

고등 생물 Ⅰ 9. 생명 과학과 인간의 생활
고등 생물 Ⅱ 4. 생물의 다양성

플레밍이 파스퇴르에 대한 이야기로 첫 번째 수업을 시작했다.

파스퇴르의 저온 살균법

'사람에게 왜 병이 생기는 것일까?'

이 질문에 대답하려면 먼저 프랑스의 유명한 과학자인 파스퇴르(Louis Pasteur, 1822~1895)를 소개해야 될 것 같군요.

여러분은 아마 파스퇴르라는 사람은 몰라도 마시던 우유를 냉장고에 넣어 두었다가 다음 날 다시 꺼내 마실 수 있게 된 것이 파스퇴르가 생각해 낸 저온 살균법 때문이라는 것을 알고 있을 것입니다.

프랑스 파리에 가면 에펠탑과 루브르 박물관이 있지요. 하지만 파스퇴르를 기념하기 위해 만든 '파스퇴르 연구소'도 세계적으로 유명하다는 것을 알고 있나요? 그러니까 파리로 여행을 가게 된다면 부모님께 파스퇴르 연구소에 한번 가 보고 싶다고 하면 어떨까요?

파스퇴르가 열심히 연구하던 시절에 한국은 조선 왕조의 흥선 대원군이 등장하던 때였고, 미국에서는 남북 전쟁이 있었던 1850~1860년대였지요. 그리고 멘델의 '유전 법칙'과 다윈의 '종의 기원'이라는 학설도 이때 발표되었습니다.

파스퇴르, 멘델, 다윈의 과학적 업적은 그때까지 모든 사람들이 가지고 있던 일반적인 생각을 완전히 새롭게 뒤집어 놓은 엄청난 인식의 혁명이었으며, 오늘날의 생명 과학이나 의학에 대한 생각들을 완전히 재정립하게 만들어 준 것이었습

니다.

그러니까 그때까지도 사람들은 공기, 물, 토양 속에서 눈에 보이지 않는 작은 생물체들이 서로 경쟁하며 살고 있다는 것을 전혀 알지 못했던 때입니다. 생명체는 신에 의해 창조되었다는 신학적인 입장에서 오랫동안 지속적으로 진화되어 왔다는 진화론이 세워지게 되었고, 자손에게 유전되는 것은 부모의 형질이 서로 적당히 섞여서 자손에게 나타난다고 생각했던 것에서 우성 형질과 열성 형질이 일정한 비율로 나뉘어 유전된다는 학설이 나타난 것이지요.

여러분은 만약 고깃덩어리가 떨어진 곳에서 파리가 한 마리 생겨났다면 어떻게 생각했을까요? 그 당시 사람들은 자연발생적으로 생물체가 생겨난다고 철석같이 믿고 있었어요. 썩은 고깃덩어리 주변에서 구더기가 꿈틀거리고 있다가 파리가 되어 날아가는 것을 보고 생명체가 자연적으로 발생한다고 생각했습니다. 다른 방법으로 설명할 수 없었으므로 과학자들조차도 이를 믿을 수밖에 없었지요.

그러나 파스퇴르는 유리로 된 삼각 플라스크의 기다란 주둥이를 S자 모양으로 구부려 만든 다음 고기즙을 넣고 끓인 후 오랫동안 놓아두었는데, 그 속에 아무런 생물체도 생기지 않는 것을 보았어요. 그가 사용한 플라스크는 모양이 백조의

목처럼 길게 구부러져 있다고 해서 백조목 플라스크(swan-neck flask)라고 했어요.

파스퇴르는 혹시나 하는 마음으로 플라스크의 굽은 부분에 있던 약간의 고인 물을 기울여서 안으로 흘려보냈어요. 그랬더니 다음 날부터 고기즙이 썩어 가는 것이었어요. 그것은 플라스크의 굽은 부분에 고기즙을 끓일 때 나온 수증기가 식으면서 약간의 물이 고였고, 여기에 플라스크 입 부분에서 공기 중의 곰팡이 포자가 떨어져 자라다가 플라스크를 기울여 흘러들어 가게 하니까 고기즙을 먹고 자라기 시작한 것이지요.

파스퇴르는 이 간단한 실험으로 '생물체는 자연 발생하는 것이 아니다'라는 내용을 발표했지요. 이때부터 눈에 보이지 않는 작은 생물체인 미생물에 대한 연구가 시작된 것입니다.

그 뒤 파스퇴르는 세균이라는 것이 우리 눈에 보이지도 않고, 우리 몸속에 침입하여 번식하면서 병을 일으킨다는 것을 최초로 밝히는 위대한 의학적 업적을 이룩했습니다. 그 업적이 더욱 빛나는 것은 인간의 인식을 뒤바꾸어 놓을 정도로 혁명적이었다는 것이지요. 눈에 보이지 않는 세계에 수많은 생명이 존재한다고 믿게 만들었으며, 또한 병에 대한 합리적인 치료법의 개발과 미생물의 침입을 막는 데 필요한 이론적인 근거를 제시했기 때문입니다. 파스퇴르의 미생물 발견은 분명히 인간 사회의 철학적인 혁명이었으며, 의학의 대변혁과 미생물학의 발전에 큰 전기를 마련한 사건이었습니다.

파스퇴르는 원래 화학과 수의학을 전공한 수의사였습니다.

어느 날 친구의 식초 공장에 문제가 생긴 것을 보고는 발효가 바로 효모균에 의한 것이며, 음식이 부패하는 것도 공기나 먼지 속에 있는 세균들이 침투 또는 오염되어 자라기 때문이라고 발표했습니다. 그래서 음식을 끓이면 균체를 살균하는 것이므로, 음식을 끓이지 않은 것보다 오랫동안 보관할 수 있다고 발표했지요.

이 간단한 방법은 결국 여러 음식물을 통조림으로 가공할 수 있게 해 주는 등 식품을 저장하는 방법을 알려 주어 많은 음식물을 저장했다가 먹을 수 있게 해 주었어요.

또, 스코틀랜드에 있던 외과 의사인 리스터(Joseph Lister, 1827~1912)는 수술 기구를 끓여서 멸균함으로써 외과 수술 시 세균에 감염되어 사람이 죽는 것을 막을 수 있었으며, 파스퇴르가 제안한 멸균 기술로 당시 산부인과에서 발생하던 산욕열에 의한 사망률도 크게 감소시켰답니다.

질병과 발효 과정 연구의 길이 새롭게 열리다

'새로운 생명체는 어버이 생명체에 의해서만 발생한다'는 파스퇴르의 발표로 당시까지 모두가 믿고 있던 자연 발생설을 뒤집었으며, 많은 미생물학자들이 질병과 발효 과정을 연구하는 길을 새롭게 열기 시작했어요. 그리고 이로 인해 의학과 미생물학이 크게 발달하기 시작하였지요.

특히 독일의 코흐(Robert Koch, 1843~1910)는 탄저병을 일으키는 탄저균을 발견하였는데, 탄저균은 소나 말이 감염되면 거의 죽게 되는 무서운 병원균이에요. 코흐는 순수한 탄저균을 통해 탄저병을 일으키는 병원균의 4가지 특성을 발표했어요. 지금까지도 의사들은 코흐의 학설을 기초 삼아 어떤 질병이든 병을 일으키는 병원균의 실체를 확인해야 한다고 생각해요.

코흐가 말한 병원균의 4가지 특성은 다음과 같습니다.

① 병원균이 동물체에 존재해야 한다.

② 병을 일으킨 동물체에서 병원균이 분리되어야 한다.

③ 그 분리된 병원균을 건강한 동물에게 주입하면 같은 병이 나타나야 한다.

④ 그 동물에서 같은 병원균이 분리되어야 한다.

파스퇴르는 누에의 질병과 닭 콜레라에 관해서도 연구를 하였는데, 그 병의 원인이 되는 병원균을 분리하고 그 병원균을 닭에게 접종하니 다시 병을 일으킨다는 것을 규명하였

어요. 코흐의 설명에 따라 다시 병을 일으킨 닭에서 같은 병원균을 분리해 낼 수 있었지요.

휴가를 다녀온 파스퇴르는 오래 방치해 놓았던 닭 콜레라균을 다시 닭에게 접종하였더니 병이 발생하지 않았습니다. 닭에게 접종했던 균은 이미 산소 때문에 약해진 것이었어요. 이 약해진 균을 접종한 닭은 신선한 콜레라균을 접종해도 다시 병이 발생하지 않았어요. 약해진 균을 접종받지 않은 닭은 신선한 균에 노출되니까 금방 병이 나타났는데 말이에요. 어떻게 된 일일까요?

파스퇴르는 그 의미를 알아차렸지요. 약해진 균은 닭에게 면역력을 키워 준 것이었습니다. 이 근거를 통해 그 이전에

제너(Edward Jenner, 1749~1823)가 사용한 종두법에도 과학적인 원리가 있음을 증명해 낸 것입니다. 그래서 천연두에 대한 예방 접종법을 확립하게 해 준 것이었습니다.

여러분은 천연두가 무엇인지 잘 모르지요?

천연두는 천연두 바이러스에 감염되면 나타나는 병인데, 심하면 목숨을 잃기도 했고, 낫더라도 대개 얼굴에 곰보 자국을 만들기도 했던 무서운 병이었어요. 지금의 미국이나 캐나다에는 원래 아메리칸 인디언들이 살고 있었는데, 유럽 사람들이 신대륙을 발견하여 이주하게 되었고, 그때 옮겨 간 천연두 바이러스가 인디언들에게 감염되어 많은 인디언들이 죽게 된 사실만 보아도 천연두가 얼마나 무서운 병이었는지 알 수 있어요.

하지만 제너가 소 천연두에 감염되었던 사람은 사람 천연두에 감염되지 않는 것을 알고 종두법이라는 예방 접종법을 만들어 내어 이제는 사람 천연두가 거의 없어져 버렸어요.

닭 콜레라균은 오랫동안 공기 중의 산소에 노출되면 약화된다는 것을 알게 되어 많은 예방 접종에 쓰일 대량의 닭 콜레라균 백신도 만들어 사용하였습니다. 또, 파스퇴르는 탄저균도 열에 약해진다는 것을 알아내 탄저병 예방 백신을 직접 만들어 대중 앞에서 접종하여 맹독의 탄저균에 감염되어도

살 수 있다는 것을 보여 주기도 했습니다.

파스퇴르는 또 광견병을 일으키는 바이러스(그때는 바이러스가 무엇인지 몰랐지요)에 감염된 토끼의 척수를 말려서 백신으로 사용해, 실제로 아홉 살의 조제프 마이스터라는 아이가 미친개에 물렸음에도 광견병에 걸리지 않았다는 것을 보여 주었어요. 1895년 파스퇴르는 페스트와 디프테리아를 일으키는 병원균도 찾아냈으며, 황열병 · 결핵 · 콜레라를 일으키는 병원균을 찾아내 배양한 후 이를 다시 건강한 동물에게 주사하면 같은 병의 증세를 나타낸다고 보고하기도 했어요.

감염성 질병을 일으키는 것이 세균이라는 파스퇴르의 세균설에서 저온 살균법, 멸균 기술, 공중 보건학, 위생학을 발전시켰어요. 또한, 감염성 질병을 퇴치하는 무기로 면역학이 애용되었는데, 이미 체내에 침투한 세균을 물리치는 유일한 방법으로 이미 감염되었던 동물의 혈청을 이용하는 치료법이었지요. 당시 황열병, 콜레라, 발진티푸스 등의 백신이 치료와 예방법으로까지 쓰이고 있었지만, 그 작용 원리는 잘 모르고 있었어요.

19세기 말, 의사들은 감염성 질병을 일으키는 것은 미생물의 침투로 생긴다는 것만은 확실하게 알기 시작했어요. 그 뒤 백신에 대한 믿음이 치료의 유일한 길인 것으로 생각하기 시작했지요. 당시에는 치료약이란 것이 없었으니까요.

파스퇴르의 뒤를 이은 많은 미생물학자 및 의학자들 중 하나인 영국 군의학교 병리학 교수 라이트(Almoth Wright, 1861~1947) 경은 1898년 열을 가한 장티푸스균으로 장티푸스 백신을 개발했어요. 그는 장티푸스를 일으키는 세균에 열을 가해 약해지게 하여 백신을 만들고 우선 군인들에게 접종해 보려고 했지만, 영국군에서는 전장에 나가야 할 군인들에게 '장티푸스균을 죽인 백신균'을 실제로 접종하면 장티푸스에 걸릴지도 모른다는 걱정 때문에 일부 원하는 장병들만 접종을 받게 했어요. 당시에 아프리카 전선에서는 장티푸스에 걸려 많은 병사들이 전쟁도 못하고 사망하는 일이 허다했어요.

그 후 장티푸스 백신에 대한 확인이 잘 이루어지지 않자 라이트 경은 군부와 논쟁을 벌인 뒤 군을 떠나버리고 세인트메리 병원의 병리학 교수가 되었어요. 그래서 나는 라이트 경을 세인트메리 병원에서 만나게 되었지요.

라이트 경은 병원에서 예방 접종과를 창립하고 운영하면서 많은 연구 업적을 세웠어요. 특히 백신을 투여하면 혈액에 어떤 요소가 생기고, 그것은 독성 균이 침투하면 효과를 보인다는 학설을 발표했어요. 그 요소라는 것은 나중에 알려졌

지만 혈액에 항체가 생긴 것을 의미했지요.

또한 백신 투여 후 현미경 관찰로 식세포라는 백혈구의 활동을 관찰하기도 했어요. 죽은 균이나 살아 있는 균이 몸에 들어오면 백혈구들이 균과 싸우기 시작하거든요. 이것을 면역 반응이라고 해요.

독단적이고, 쉽게 흥분하고, 권위적인 성격이지만 학문적 업적과 문학적인 능력까지 갖춘 라이트 경의 명성으로 그 후 세인트메리 병원 예방 접종과에는 많은 젊은 의사들과 인재들이 모여들었어요.

그는 토론과 이론을 위주로 지도력을 발휘해 예방 접종과를 면역학에 관한 이론 학교로 만들었어요. 그때 나도 이곳에서 의학 수련을 시작했습니다. 라이트 경은 '면역 특공대를 동원하라!'는 표어로 영국에서 가장 앞선 의학 연구 센터를 지향하고 있었어요.

지금 생각해 보면 파스퇴르의 질병 퇴치에 관한 백신 사용 방법이 라이트 경의 의학 연구 센터에서의 중심 과제였고, 그곳에서 일하던 내가 우연히 발견하게 된 페니실린에 의한 화학 요법제로 전환하는 연결 고리가 파스퇴르에서부터 나에게 이어진 것이라고 볼 수 있습니다.

내가 페니실린을 만드는 '페니실린 곰팡이균'을 발견하게

되는 과정과 그 이후의 일들에 관한 이야기를 들려주기 전에, 다음 시간에는 세균이 무엇인지, 곰팡이가 무엇인지에 대해 여러분에게 먼저 소개하고자 합니다.

과학자의 비밀노트

파스퇴르(Louis Pasteur, 1822~1895)

프랑스의 화학자이자 미생물학자이다. 화학 조성 · 결정 구조 · 광학 활성의 관계를 연구하여 입체 화학의 기초를 구축하였다. 발효와 부패에 관한 연구를 시작한 후 젖산 발효는 젖산균과 관련해서 일어나며 알코올 발효는 효모균의 생활에 관련해서 일어난다는 것을 발견하였다.

만화로 본문 읽기

으…, 몸살 때문에 너무 힘들어요. 사람들은 왜 병에 걸리는 걸까요?
하아~
하아~
그게 궁금한가요? 그럼 내가 알려 줄게요.

우선 고깃덩어리가 있는 곳에서 파리 한 마리가 생겨났다면, 그 파리는 저절로 생겨났을까요? 파스퇴르가 살던 시절의 사람들은 자연 발생적으로 생물체가 생겨난다고 굳게 믿고 있었어요.
그럼 아닌가요?

파스퇴르는 백조목 플라스크에 고기즙을 넣어 끓인 후 오랫동안 놓아두었는데, 그 속에 어떤 생물체도 생기지 않는 것을 발견했어요.
음, 꽤 오래 두었는데도 생물체가 생기지 않는군.

그래서 이번에는 플라스크의 굽은 부분에 있던 고인 물을 기울여 안으로 흘려보냈어요. 그랬더니 다음 날부터 고기즙이 썩기 시작했지요.
굽은 부분에 있던 물에 공기 중의 곰팡이 포자가 떨어져 자라다가, 플라스크를 기울여 흘러들어가게 하니까 고기즙을 먹고 자란 것이군.

파스퇴르는 이 실험으로 생물체는 자연 발생하는 것이 아니라는 것을 알았죠. 이때부터 미생물에 대한 연구가 시작되었어요. 파스퇴르는 세균이 몸속에 침입하여 번식하면서 병을 일으킨다는 것을 최초로 밝혀냈죠.
그럼 제가 이렇게 아픈 것도 다 미생물 때문이겠군요.

그렇다고 볼 수 있죠. 아무튼 파스퇴르는 미생물의 존재를 밝혔으며, 병에 대한 합리적인 치료법의 개발과 미생물의 침입을 막는 데 필요한 이론적인 근거를 제시했답니다.
그런데 선생님, 파스퇴르의 업적도 좋지만 제 병부터 어떻게 안 될까요?

두 번째 수업

2

세균이란 무엇일까요?

우리 눈에 보이지 않는 미생물의 세계에는 무엇이 있으며,
그 미생물을 우리는 어떻게 볼 수 있을까요?

2

두 번째 수업

세균이란 무엇일까요?

교과연계

고등 생물 Ⅰ	9. 생명 과학과 인간의 생활
고등 생물 Ⅱ	4. 생물의 다양성과 환경

플레밍이 활기찬 표정으로 두 번째 수업을 시작했다.

미생물의 크기

여러분은 '병원균'이란 말을 많이 들어 보았을 거예요. 어렸을 때 밥 먹기 전에 엄마가 늘 "손 씻고 와서 식사해라."고 하셨지요? 그것은 손에 더러운 균이 묻어 있다고 생각해서였을 겁니다. 음식과 함께 병원균을 같이 먹게 되면 탈이 나기 십상이니까요.

이처럼 더러운 균은 여러분이 사는 곳곳에 살고 있습니다. 하지만 눈에 보이지 않으니까 없는 것으로 생각하기 쉽지요.

위에서 말한 병원균은 너무 작기 때문에 '아주 작은 생물'이라는 뜻으로 미생물(microorganism) 이라 하지요.

그럼 미생물은 얼마나 작을까요?

여러분들은 날카롭게 깎은 연필로 1mm의 길이를 종이 위에 표시할 수 있겠어요? 잘 안 되지요. 네? 다 그렸다고요? 손재주가 아주 좋군요. 그럼, 그 길이의 눈금을 다시 1,000개로 나누어 그중에 하나를 그릴 수 있겠어요?

아마 이번에는 잘 안 될 겁니다. 바로 그 눈금 하나를 1마이크로미터(1μm)라고 합니다. 여러분의 손에 묻어 있는 병원균은 보통 가로 세로 길이가 1~3μm를 넘지 않거든요. 어떤 것은 좀 길어서 10㎛ 정도 되는 것도 있지만 그 녀석도 폭은 1㎛ 정도입니다.

얼마나 작은지 여러분의 몸체를 이루는 세포들과 비교해 볼까요?

여러분의 혈관 속에는 많은 수의 백혈구와 적혈구가 돌아다니고 있어요. 그 백혈구의 크기는 세균의 10배 정도 더 크고, 적혈구는 지름이 약 7㎛이니까 7배 정도 더 큽니다.

모든 병원균이 이처럼 작으니까 눈으로는 보기가 어렵지요. 그럼 병원균을 어떻게 볼 수 있을까요? 눈을 크게 뜨고 보면 보일까요? 아니면 할아버지 돋보기로 보면 보일까요? 실제 크기가 1㎛인 세균을 1,000배 정도 확대해야 겨우 1mm이니까, 세균을 눈으로 보려면 그보다도 더 확대해서 봐야 하는 것입니다. 확대하려면 어떻게 해야 할까요?

미생물 관찰

그렇죠, 현미경이 있지요. 현미경은 눈으로는 볼 수 없을 만큼 작은 물체나 물질을 확대해서 보는 기구입니다. 보통 100배, 400배 확대하면 세포가 확대되어 자세한 부분까지 볼

수 있지요. 그런데 1,000배 정도까지 확대하면 눈에 보이는 것들이 약간 희미해져서 다시 잘 보이지 않아요. 이때는 사진기로 사진을 찍을 때처럼 초점을 잘 맞춰야 해요.

또, 너무 작은 물체라서 현미경 빛이 그냥 통과해서 잘 보이지 않을 수도 있어요. 이때는 서로 다른 색깔을 가진 염색액으로 염색해야 실제 모습을 잘 볼 수 있게 됩니다. 세균의 표면에는 음극과 양극의 전하를 가진 단백질들이 많이 분포하고 있어요. 여기에 음극이나 양극의 전하를 띠고 색깔을 가진 염색액으로 염색해 주면 세균은 염색됩니다.

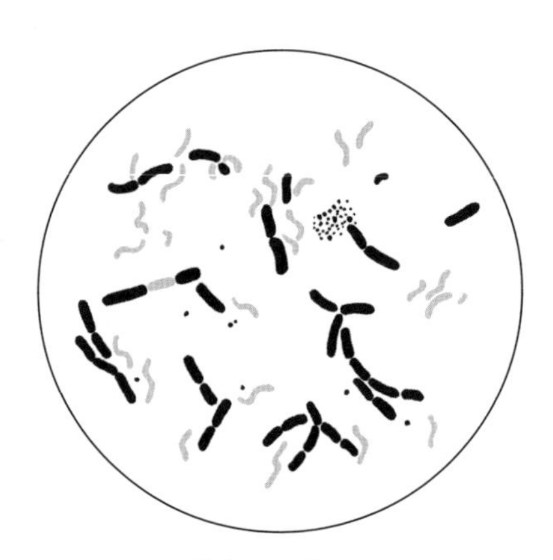

염색액으로 염색된 세균

지구상에 살고 있는 생물체는 크게 동물, 식물, 그리고 미생물로 나누어 볼 수 있어요. 동물이나 식물은 여러분보다

훨씬 큰 것도 있고, 아주 작은 것도 있지만 미생물처럼 작지는 않아서 눈으로 볼 수 있어요. 그래서 개나 소, 고양이 등 종류를 알 수 있죠. 눈에 보이지 않는 미생물에는 어떤 종류들이 있을까요?

우선 미생물에 속하는 생물은 5가지로 생각해요. 첫 번째가 세균 또는 박테리아라는 것이고, 두 번째는 물속에 단세포로 살고 있는 조류, 세 번째는 짚신벌레 같은 원생동물, 네 번째는 곰팡이, 버섯 등이 속하는 진균류, 그리고 마지막으로 감기나 독감을 일으키는 바이러스입니다. 아무리 큰 것이라고 해도 1mm가 넘지는 않아요. 굉장히 작은 생물인 것을 알 수 있겠지요?

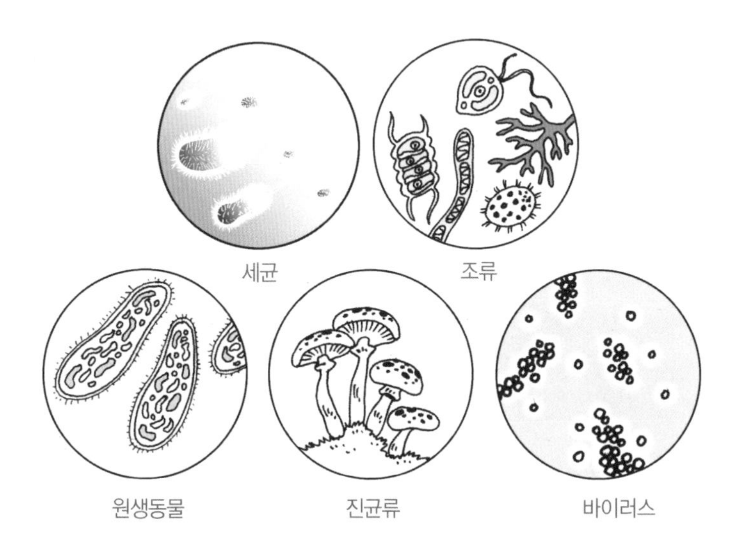

특히 이들 중에서 세균류는 세포질 안에 자기의 유전 물질이 떠 있어 핵이 없는 생물로서 세포 하나가 한 개체를 이루고 있어요. 이를 원핵생물이라고 해요. 그 밖에 미생물과 동식물은 자신의 유전 물질이 핵 속에 들어가 있는 생물들로서 진핵생물이라고 하지요. 원핵생물인 세균은 생식 속도가 무척 빨라서 좋은 환경에 있으면 30분도 안 되어 한 세포가 두 세포로 나누어집니다.

그러니까 이론적으로 24시간 만에 한 개의 세포가 2^{48}개의 세포가 될 수도 있다는 계산이 나와요. 몇 마리인지 계산해 보세요. 세포 수가 무척 많다는 것을 알 수 있어요.

실제로 대장균 한 마리가 여러분 입안에 들어갔는데도 양치질을 하지 않으면 다음 날 아침 입안에는 지구상에 사는 사람 수보다 더 많은 대장균이 살게 된다는 것입니다. 그러니까 독성이 강한 콜레라균 한 마리라도 여러분 몸속에 들어가

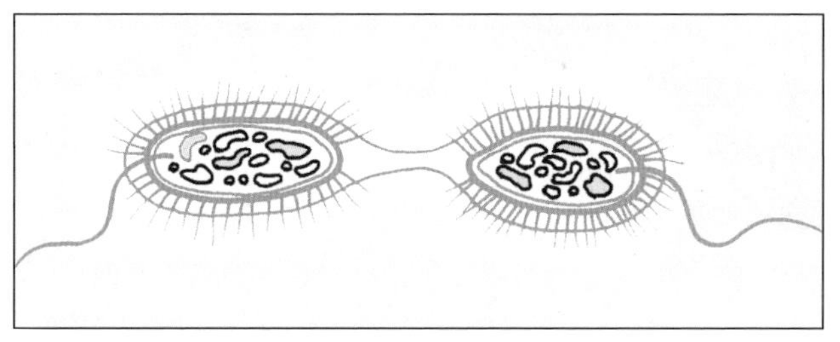

세균의 생식

면 몇 시간 안 되어 여러분의 작은창자에는 콜레라균이 득실거리고, 그 콜레라균들이 강력한 독소를 뿜어 여러분을 죽게 할 수도 있다는 것입니다.

이렇게 작은 미생물들을 관찰하는 방법은 다음과 같습니다.

① 작은 직사각형 유리판(받침 유리) 위에 세균이 들어 있는 시료 한 방울 정도를 떨어뜨려 마르도록 한다.

② 염색액을 한 방울 떨어뜨린 후 30초간 기다린다.

③ 남아 있는 염색액을 물로 살짝 씻어 내고 물기를 말려서 현미경의 대물 렌즈 아래에 유리판을 올려놓는다.

④ 접안 렌즈로 들여다보면서 초점을 맞추어 관찰한다.

이렇게 단순하게 염색해서 관찰하면 대체로 세균 등은 볼 수 있지만, 특별한 경우에는 관찰이 되지 않는 경우도 있습니다. 하지만 여러 미생물학자들은 새로운 염색법을 개발해서 관찰하게 되었고 더 많은 미생물이 확인되기 시작했지요.

또, 미생물 인공 배양법이 개발되어 여러 배양 배지가 알려지기 시작하였지요. 배양 배지란 미생물을 배양하기 위하여 해당 미생물이 필요로 하는 주요 영양 물질(음식물)을 주성분으로 하여 액체로 만들거나 한천을 약간 넣어 만든 것입니다. 처음에는 생감자를 얇게 잘라서 그 위에 세균을 키우기도 했지만 너무 불편했어요. 이를 개선하기 위해 고기즙이나 보리 싹을 갈아 넣은 여러 영양소가 들어간 배지를 사용해 보았고, 여기에 한천을 약간 넣고 열을 가해 멸균한 후 페트리 접시에 부으니 판판한 평판 배지가 완성되었지요. 미생물 인공 배양법의 발전으로 인해 순수한 한 가지 균만을 분리할 수도 있게 된 것입니다.

배양 온도를 잘 맞추어 주면 평판 배지 위에 균체 한 마리만 있어도 다음 날 잘 자라서 눈으로 볼 수 있는 약 1억 마리의 균 덩어리로 자라나게 되었지요. 이를 콜로니라 부릅니다. 콜로니는 세균 또는 단세포 등이 고형 배지에서 눈으로 볼 수 있는 집단을 말하지요.

또, 미생물 인공 배양법이 발전하게 되어 생화학적으로 미생물이 요구하는 영양소도 개별적으로 알 수 있게 되었어요. 이를 합성 배지라 부르는데, 여기에 한천을 넣고 한천 배지로 만들어 균을 키우면 잘 자라는 것을 관찰할 수 있어요. 나도 세인트메리 병원의 감염과에서 많은 배지를 만들어 사용하다가 페니실린을 분비하는 곰팡이 균을 우연히 찾게 되었던 것입니다.

그렇지만 지금은 전자 현미경이 개발되어 10만 배, 100만 배 이상으로 확대해서 관찰하기 때문에 상세한 미생물의 구조를 다 볼 수 있게 되었습니다. 그렇지만 내가 일하던 1920~1940년대까지만 하여도 한천 배지를 만들어 미생물을 배양하여 관찰하는 것이 고작이었어요.

그래서 수많은 세균을 식별하기 위해 덴마크의 미생물학자인 그람 (Hans Gram, 1853~1938)은 1880년대에 그람 염색법을 찾아내었어요. 그 방법을 간단히 소개하지요.

① 우선 염색액의 일종인 크리스탈 바이올렛으로 세균을 염색하면 모두가 바이올렛 색깔로 염색된다.

② 이를 더 잘 염색되도록 요오드 용액으로 처리해 준다.

③ 알코올로 염색된 것을 탈색시키면 어떤 세균은 탈색되어 버리

고, 어떤 세균은 탈색되지 않고 그냥 바이올렛 색깔로 남는다.

④ 여기에 2차 염색액 사프라닌으로 염색시키면 탈색되었던 균은 다시 붉은색의 사프라닌으로 염색된 것을 현미경으로 볼 수 있다.

그람 염색의 결과 바이올렛 색깔을 그대로 유지하고 있는 균을 그람 양성균이라 부르고, 붉은색으로 염색된 균을 그람 음성균으로 부릅니다. 왜 그런 차이를 보이는 것인지 당시에는 잘 이해되지 않았으나, 전자 현미경으로 그람 양성균과 음성균을 관찰해 보니 균의 구조적인 차이가 있었어요. 결국 세균은 구조적으로 세포 안과 밖을 구분짓는 세포막 이외에 세포벽이 있다는 것을 알게 되었어요.

그람 양성균은 2개 층의 인지질로 되어 있는 세포막 밖에 두꺼운 세포벽이 있음을 알았죠. 그래서 그람 양성균은 처음 염색액이 들어가면 세포 안으로 들어간 염색액이 세포 내 물질에 달라붙어 알코올로 탈색시켜도 다시 밖으로 나오기 어렵게 되어 염색액이 그냥 남아 있게 된 것이었어요. 반대로, 그람 음성균은 인지질 세포막 밖으로 얇은 층의 세포벽이 있고 다시 그 밖으로 인지질 층이 있어, 크리스탈 바이올렛 염색액으로 염색된 세포질 물질들이 알코올로 탈색시키면 쉽게 탈색되어 염색액이 밖으로 빠져나와 버리는 것이었지요.

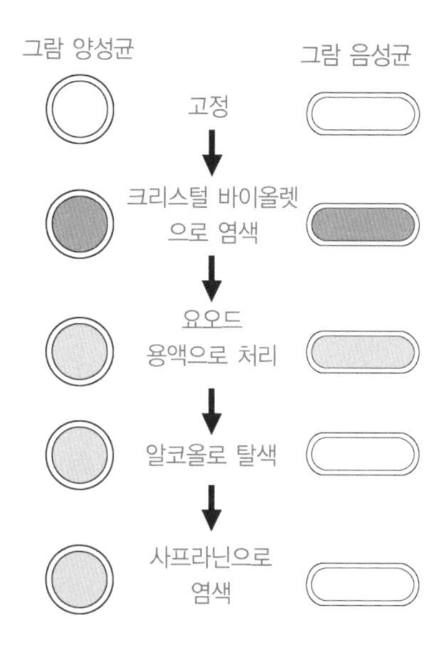

그람 염색 방법과 결과

그래서 2차 염색액으로 다시 붉게 염색되어 그람 양성균과 다르지요. 세포벽의 차이는 세균의 염색성의 차이뿐 아니라 균의 특성을 나타내는 요소 중의 하나가 되었고, 그람 염색은 균을 분류하는 데 아주 중요한 요소로 사용하고 있어요.

그러면 세균의 세포벽은 어떤 구조로 되어 있을까요?

세포벽을 이루는 물질은 펩티도글리칸입니다. 이는 같은 물질이 연속적으로 연결된 중합체인데, 가느다란 실과 같은 다당류가 그람 양성균과 음성균에 따라 독특한 아미노산들이 실과 실을 연결시켜 주어 마치 그물 구조와 같다고 해요.

나중에 알려졌지만 페니실린은 그 결합을 못하게 하여 그물 구조가 끊어져 세포벽이 결국 약해지고, 그 약해진 곳의 세포막으로 물이 많이 들어가 세포가 부풀어 터져 죽게 되는 결과를 가져온다고 해요.

두꺼운 세포벽을 가진 그람 양성균은 세포벽 여기저기에 테이코산(teichoic acid)이 말뚝처럼 박혀 있어서 세포벽을 튼튼하게 해 주고, 우리 몸의 세포 표면에 잘 달라붙게 하여 양성균이 독성을 갖도록 해 주기도 합니다.

한편 그람 음성균은 '내독소'라고 하는 물질이 세포 밖으로 돌출되어 있어서 음성균에 감염되면 고열을 일으키거나, 쇼크 또는 설사 증세를 가져다 주는 주범이 되고 있어요. 혹시 들어보았는지 모르지만, 대장균 중에서 'E.coli O157(이 콜라이 오일오칠)균'은 장출혈을 일으켜 사망하게 하는 무서운 균인데, 바로 이 균의 내독소 성분이 장출혈을 일으키는 독성

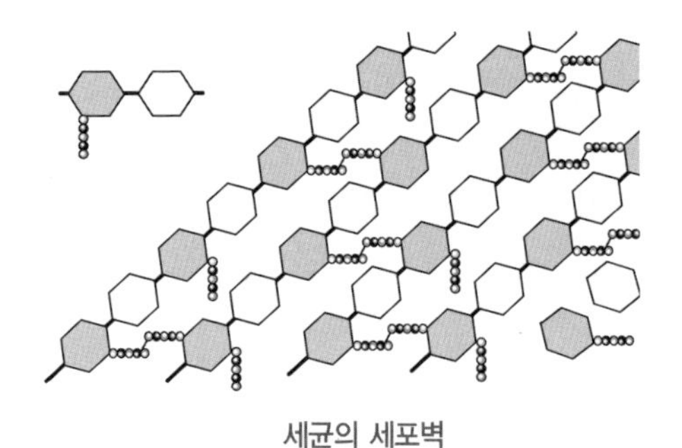

세균의 세포벽

을 보이는 거예요.

내가 찾아낸 페니실린은 대부분 그람 양성균에 잘 흡수되어, 생장하는 양성균의 세포벽 합성을 제대로 하지 못하게 방해함으로써 균을 죽이는 것이지요.

우리에게 이로움을 주는 미생물

그렇다면 모든 미생물들이 이처럼 독성(병을 유발하는)을 갖는 것일까요? 그렇지는 않아요. 미생물은 알게 모르게 아주 오래전부터 인간이 살아가는 데 많은 부분에서 유익한 일을 해 왔답니다. 술, 간장, 김치, 치즈 등의 발효를 일으키는 것도 미생물이고요. 그와 더불어 자연계에서 동물이나 식물을 분해시켜 물질을 순환시키는 일도 하지요. 만약 나무가 죽었는데 미생물들이 분해시키지 않는다면 우리가 살 수 있는 공간은 아마 없어지고 말 거예요.

미생물은 알게 모르게 사람이나 동물이 살아가는 데 필요한 여러 가지 일들을 담당하지요. 미생물이 살아가면서 만들어 내는 여러 가지 물질들은 우리가 자세하게 알지 못해도 우리에게 많은 유익한 물질을 만들어 주었어요. 그리고 무엇보

다도 중요한 사실은 미생물을 이용한 수많은 연구 결과가 파스퇴르 이후 150여 년간 인류 역사에서 생명 과학의 발달뿐 아니라 의식 혁명에 미친 영향도 헤아릴 수 없을 만큼 많고 넓다는 거예요.

과학자의 비밀노트

병원균(pathogenic bacteria)

동물에 기생해서 병을 일으키는 능력을 가진 세균으로 병원 세균이라고도 한다. 같은 세균이라도 기생하는 숙주인 동물에 따라 또는 그 부위에 따라 병원균이 되기도 하고 그렇지 않기도 하므로 과학적으로 정의하기 어려운 점도 있다. 근래에는 병원체에 포함되므로 병원균이라는 말을 그다지 사용하지 않는다.

병원체(pathogen)

병원체란 병을 일으키는 미생물 등을 가리킨다. 병원체는 바이러스, 진정 세균, 균류, 원생동물 등의 미생물 가운데 숙주 생물에게 병을 일으키는 성질이 있는 것이다. 또 미생물 이외에도 회충이나 선충과 체내 기생충도 병원체로 부른다. 생물이 아니지만 프리온 단백질도 병원체로 다루어진다. 식물에서는, 바이로이드가 감염성을 가진다. 핵산도 병원체가 될 수 있다. 병원체에 의해 일어난 병을 감염병이라 한다.

만화로 본문 읽기

선생님, 지금 제 손에도 미생물이 살고 있을까요?
당연하죠. 밥 먹기 전에 손을 씻는 것은 우리 몸에 해로운 병원균을 제거하기 위해서랍니다. 눈에 보이지 않지만 해로운 균은 곳곳에 있답니다.

그리고 병원균은 너무 작기 때문에 아주 작은 생물이라는 뜻으로 '미생물'이라고 해요.
대체 얼마나 작아서 '아주 작은 생물'이라고 하나요?

자의 한 눈금인 1mm를 1,000개로 나눈 것을 1㎛라고 하는데, 손에 묻어 있는 병원균은 보통 가로 세로 길이가 1~3㎛를 넘지 않아요.
우아, 진짜 작네요! 근데, 정확히 어떤 것들이 미생물에 속하나요?

미생물에 속하는 생물은 세균(박테리아), 조류, 원생동물, 진균류, 바이러스가 있어요. 이 중 세균은 원핵생물이라고 해요.
세균
조류
원생동물
진균류
바이러스
원핵생물이요?

원핵생물은 핵이 없이 세포 하나가 한 개체를 이루고 있는 것을 말해요. 나머지 미생물과 다른 동식물은 진핵생물이지요. 세균 1마리는 2^{48}마리로 번식할 수 있답니다.
한 시간 후

만약 세균 한 마리가 입에 들어갔는데도 양치질을 하지 않으면 다음 날 입안에는 지구상에 사는 사람 수보다 더 많은 대장균이 살게 될 수도 있답니다.
으악!

세 번째 수업

3

곰팡이는 무엇일까요?

미생물 중의 하나로 페니실린을 만들어 낸 곰팡이는
왜 세균을 자라지 못하게 했을까요?

3

세 번째 수업

곰팡이는 무엇일까요?

교과 연계

고등 생물 I	9. 생명 과학과 인간의 생활
고등 생물 II	4. 생물의 다양성과 환경

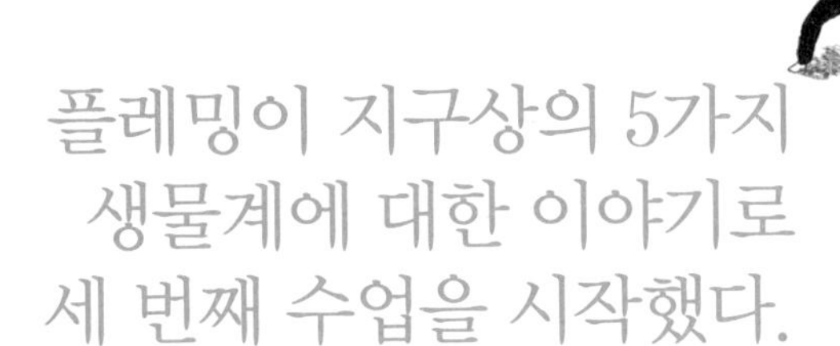

플레밍이 지구상의 5가지 생물계에 대한 이야기로 세 번째 수업을 시작했다.

미생물을 발견하고 존재를 알기 전에는 살아 있는 생물이 식물계와 동물계만 있는 것으로 알고 있었어요. 그러나 오늘날 지구상에는 5가지 생물계가 있다고 알려졌어요. 핵이 없는 세포로서의 세균이 속하는 모네라계, 단세포 조류나 원생동물 등이 속하는 원생생물계, 그리고 곰팡이 종류인 곰팡이계, 그리고 단세포 조류가 진화해서 발생한 식물계와 원생동물계가 진화한 동물계이지요.

그중에서 식물계와 동물계를 제외한 나머지 모네라계, 원생생물계, 곰팡이계가 미생물의 그룹에 속하고, 일반적으로

생물체가 아닌 바이러스도 숙주가 있으면 생물체의 역할을 하기 때문에 미생물에 속한다고 합니다.

곰팡이계에 속하는 빵 효모균은 세균과 유사한 모습을 보이지만, 세포 기본 골격을 보면 세균에는 없는 핵과 미토콘드리아, 소포체, 액포 등이 발달되어 있어요.

이들 세포 소기관들은 세포막과 같은 막으로 둘러싸여 있어요. 곰팡이계의 미생물들은 보통 균류라고 불러요. 일반적으로 곰팡이는 균사라는 길고 가지가 있는 실 같은 섬유 세포로 되어 있어요. 균사는 헝클어진 덩어리나 조직처럼 뭉쳐 있는 모양의 균사체를 형성하며 자라요. 이들 균사는 핵이 여러 개 들어 있는 다핵성 세포로 되어 있고, 엽록체가 없어 스스로 영양분을 만들지 못해 다른 생물체에 기생하면서 영양분

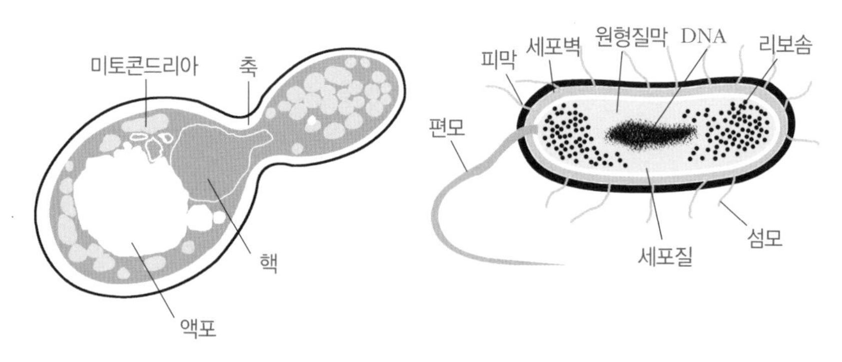

효모와 일반 세균의 세포 소기관

을 빼앗아 먹고 살아요. 단세포이거나 다세포를 이루고 사는 생물체로서 무성 생식과 유성 생식을 합니다.

가장 흔하게 무성 생식하는 진균류는 포자를 형성하여 성숙된 포자가 바람에 떨어져 나와 다른 곳에서 다시 발아해서 자라나지요. 때로는 서로 짝이 맞는 핵끼리 결합하여 균사를 형성하기도 해요. 그런데 진균이 유성 생식을 하지 않거나 유성 생식을 하여도 관찰되지 않는 경우의 진균들을 불완전 균류라 하는데, 페니실린을 만든 푸른곰팡이(penicillium)도 이에 속해요.

불완전 균류 중에는 사람에게 백선, 무좀 등의 병을 일으키는 것도 있어요. 치즈를 제조하는 사람들은 푸른곰팡이 중 한 종류가 치즈 특유의 냄새를 만들어 내는 것도 알게 되었으며, 누룩곰팡이(Aspergillus)는 전통 간장을 발효하는 데 쓰이

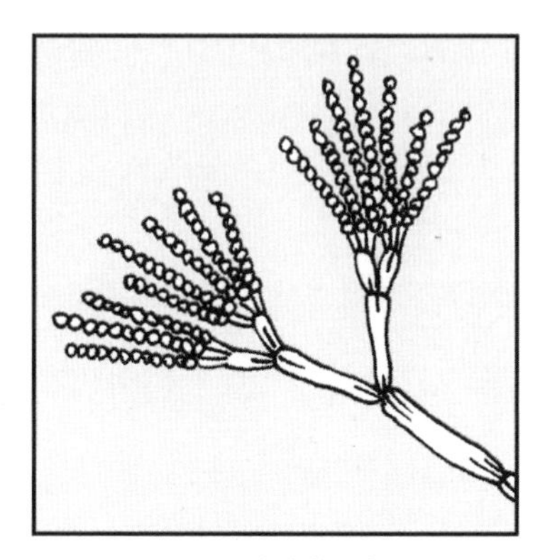

푸른곰팡이의 모습

고 있음을 알게 되었어요. 독성과 발암성이 높은 균도 있다는 것을 알아내었죠. 이들은 보통 기생 생활을 하기 때문에 다른 생물체에게 해를 끼쳐요. 하지만 어떤 균류는 상호 공생 관계를 보이기도 해요.

지구상에는 9만 종류의 진균이 있는 것으로 알려져 있어요. 이들은 사람을 이롭게도 하고 해롭게도 해요. 또한 진균류는 생태계에서 엄청난 분해자 역할을 하며 죽은 생물체를 분해하여 많은 탄소, 질소, 인 등을 다른 생물체가 이용하도록 해 줘요.

여러분은 이러한 곰팡이를 주위에서 쉽게 볼 수 있어요. 먹다가 남겨 놓은 음식물에 곰팡이가 푸른빛을 띠고 자라고 있거나, 자라나는 식물의 잎이나 과일의 표면에 곰팡이가 흉측

하게 자라고 있는 것을 볼 수도 있어요. 주위를 둘러보세요. 혹시 집 안에서 자라고 있을지도 모릅니다.

과학자의 비밀노트

푸른곰팡이(Penicillium)

보통 자낭 균류에 포함시키지만, 자낭이 없는 것도 적지 않으므로 정확하게는 불완전 균류에 포함시킨다. 일반 가정에서도 흔히 볼 수 있으며, 약 150종이 있다. 빛깔은 일정하지 않아 청록색 · 녹색 · 황록색 등이 많고, 드물게 갈색 · 홍갈색의 것도 있다. 분생자 자루의 선단에 피아라이드라고 하는 구조가 생겨 그 선단에서 밀려나온 포자가 염주 모양으로 많이 배열되어 생긴다.

노타튬(P. notatum)이나 크리소게눔(P. chrysogenum) 등의 종은 페니실린이라는 항생 물질을 특히 잘 생성하므로 이것으로 의약품을 만들고 있다. 또 톡시카리움(P. toxxicarium)이나 이슬란디쿰(P. islandicum)은 사람이나 동물에 유독한 물질을 생성하는 것으로 알려져 있어 동물 사료에서 문제가 된다.

만화로 본문 읽기

이런 미생물들은 보통 균류라고 부르는데, 엽록체가 없어 스스로 영양분을 만들지 못해 다른 생물체에 기생하면서 영양분을 빼앗아 먹으며 살아요.

헉, 영양분을 빼앗아 먹는다고?

네 번째 수업 4

페니실린의 발견

어느 날 우연히 곰팡이 옆에 있는 포도상 구균의
생장을 방해하고 있는 것을 발견했습니다.

4

네 번째 수업

페니실린의 발견

교.과.연.계.

고등 생물 I 9. 생명 과학과 인간의 생활

고등 생물 II 4. 생물의 다양성과 환경

플레밍이 지난 시간에 배운 내용을 상기시키며 네 번째 수업을 시작했다.

지금까지 여러분에게 미생물의 세계, 세균과 곰팡이의 세계를 잠깐 소개했어요. 이런 세계를 알아야 페니실린이 무엇인지 알게 되고, 내가 연구하던 때의 미생물학자들이 얼마나 미생물의 세계를 잘 알지 못하고 있었는지도 알게 될 것입니다. 또 미생물의 세계를 잘 몰랐던 시대에 곰팡이에서 페니실린을 추출해 내는 일이 얼마나 어려웠는지 조금은 이해할 것 같아요.

지금부터 여러분에게 내가 자란 환경과 의사로서 병원에서 하던 일이 무엇이었던가를 자세히 설명할게요. 지금은 내가

의사로서 일하던 1920년대보다 과학 발달 정도가 비교할 수 없이 높지요.

앞에서 소개한 파스퇴르의 업적 중에 '백신 개발 방법'은 파스퇴르 이후의 의학자들에게도 매력적인 것이었어요. 감염에 대비한 예방 접종을 통해 병을 다스릴 백신을 개발하고자 노력했던 것이지요. 자연히 면역이 최선이라는 생각이 프랑스를 시작으로 다른 나라들로 퍼져 갔어요.

영국에서도 네틀리 병원의 군의학교 병리학 교수로 있던 라이트 경에 의해 장티푸스 백신이 만들어졌다는 것은 앞 시간에 얘기한 것 같아요. 장티푸스균을 배양하여 백신을 만들었지만 영국의 식민지였던 인도에서 시행한 백신 주사 결과가 확실하

지는 않았어요. 하지만 라이트 경은 반대를 무릅쓰고 보어 전쟁에 참전하는 군인들에게도 주사해야 한다고 주장했지요.

반대에도 불구하고 지원자에게 주사를 실시했지만 그 결과에 대한 정보가 수집되지 않았고, 이에 불만을 가진 라이트 경은 군을 사직하고 런던 페딩턴에 있는 세인트메리 병원 병리학 교수가 되었어요. 그 후 그는 백신 접종을 하고서 혈액 중에 독성균이 침입했을 때 작용하는 어떤 요소가 있다는 것을 알아내었어요.

또, 그 효과를 측정해서 과학계의 관심을 모았지요. 그 물질은 면역학에서 중요하게 여기게 된 항체라는 것이었어요. 백신 주사로 인해 생기는 물질은 병원균이 침입하면 백혈구가 이들 균을 없애 버리도록 도와준다는 사실을 밝혀냈던 거예요. 그는 이 물질을 옵소닌이라고 명명했지요. 그는 옵소닌 상태를 양적으로 계산하는 방식을 개발했고, 이에 따른 연구 결과 종기, 패혈증을 일으키는 병균을 발견하는 쾌거를 얻기도 했지요.

이러한 업적을 듣고 라이트 경 주위에는 총명한 의사들이 모여들기 시작했어요. 그 젊은 의사들은 라이트 경과 같이 뛰어난 업적을 내기 시작하였고, 라이트 경은 지칠 줄 모르고 일을 했어요.

나, 플레밍의 의사 생활

나는 1881년 스코틀랜드 록필드라는 농촌에서 태어나 자랐으며, 선박 회사를 다니던 형을 따라 런던으로 나와 런던 대학 의학부에서 의학을 공부했어요. 장학금도 받고, 삼촌이 남긴 약간의 유산으로 의학 공부를 할 수 있었지요.

1906년 25세에 의사 면허를 받은 나는 곧 세인트메리 병원의 라이트 경이 있던 예방 접종과에서 학문의 길을 걷기 시작했답니다. 그곳에 들어가기 전에는 외과를 택하려 했으나 나보다 우수한 동기생들이 간다고 해서 외과를 포기하고 대신 라이트 경 밑에서의 연구직을 선택했지요.

그 당시 접종과는 라이트 경의 명성으로 유명했지만, 연구소 일은 매우 열악한 환경이었어요. 더욱이 세인트메리 병원은 다른 병원보다 자금과 시설이 크게 뒤떨어져 있었고, 위치도 패딩턴 역과 운하의 선창가 사이에 있었어요. 그리고 주변에는 빈민가들이 많았던 곳이었어요. 의사란 직업이 당시에는 인기가 높지 않았었지요. 사회적으로는 의학도보다 사범대를 나온 교사들이 더 우대를 받던 시절이었거든요.

의대 교실은 섬뜩할 정도로 춥고 더러웠으며, 병원 의사나 강사들은 연구 시간도 적었어요. 더군다나 나머지 시간에는

환자를 치료하며 자기 생활비를 벌어야 했어요. 실험실은 지하에 있는 소변 검사를 하던 작은 방이 고작이었으니까요. 외부에는 예방 접종과가 과학적 열기와 흥분이 가득 찬 곳으로 알려져 있었으니 그 당시의 다른 곳은 어땠는지 짐작이 가죠?

내가 예방 접종과에 가 보니 라이트 경조차도 자기 연구실이 없고, 한방에 예닐곱 명의 과학자들이 일하고 있었어요. 미생물 실험용 유리 기구와 배양기 제작실이라고는 1.4m^{2}도 안 되더군요. 암실은 수세식 화장실을 개조한 것이고, 고온실도 가스로 작동되어 위험했지요. 그뿐 아니라 현미경도 자기 돈을 털어서 사야 하고, 냉장고도 없어서 얼음덩이를 나무 상자에 넣고 사용할 정도였어요. 너무 가난한 연구 시설

이었어요.

처음에는 라이트 경 개인의 힘으로 환자들을 돌보고 그 수익으로 연구실이 운영되었으니까 젊은 의사들도 개인적으로 환자를 치료해서 돈을 벌어야 했어요. 예방 접종과에서는 자체 개발한 백신을 상품화해서 개인적으로 또는 예방 접종과 전체의 수입이 되곤 했었어요.

그 백신은 대부분 공립 학교 예방 접종용으로 팔렸지요. 당시 공립 학교는 사립 기숙 학교로서 전염병이 돌면 속수무책이었어요. 그래서 학기 초에 마스크를 나누어 주고 쓰게 하여 수거한 후 발견된 균을 찾아 적절히 백신으로 만들어 접종하는 방식이었는데, 이 작업으로 의사들은 임금과 연구비를 벌었어요.

나는 처음부터 라이트 경의 지도로 연구를 시작해서 그가 제안한 혈액 속의 옵소닌 계수를 측정하는 일에 두각을 나타내어 라이트 경의 신임을 얻게 되었어요. 그 덕분에 1910년 런던에서 라이트 경의 친구인 독일의 유명한 과학자 에를리히(Paul Ehrlich, 1854~1915)를 만나기도 했어요.

에를리히는 그 당시 염색액으로 특별한 형태의 미생물만을 선택해서 공격하는 약을 찾고 있었어요. 결국 그는 아톡실이라는 비소 화합물을 발견했어요. 또, 아톡실이 매독을 일으키는 나선균을 죽인다는 것을 알아냈어요. 하지만 불행히도 아톡실이 나선균을 죽이는 것뿐 아니라 동물에게도 맹독성을 보인다는 것을 알게 되어 그는 변형된 물질을 계속 찾고 있었어요.

결국 그는 1909년 여름, 나선균을 죽이면서 동물에게는 독이 없는 최초의 화학 요법제 살바르산을 찾아냈어요. 그리고 살바르산을 라이트 경에게 조금 갖다 주어 나는 매독 환자에게 주사해 볼 수 있는 행운을 갖게 되었어요. 라이트 경은 약으로 병원균을 죽이는 화학 요법제는 별로 달갑게 생각하지 않았거든요. 이때부터 나는 영국에서 성병학의 선두 주자가 되어 버렸고, 생계를 위해 연구보다 환자를 치료하는 일에 시시때때로 매달려야 했어요.

나에게 인생의 큰 전환점이 되었던 것은 제1차 세계 대전이었어요. 상처가 썩어 들어가는 전쟁 부상자들을 치료하기 위해 라이트 경과 함께 볼로냐에서 패혈증, 조직이 썩는 증세, 파상풍 등을 연구하기 시작했지요. 당시에 파스퇴르의 세균학 및 리스터의 멸균 외과 기술(수술 기구를 멸균해야 하고, 절개 부위에도 균이 침투하지 않도록 하는 소독법을 사용)이 사용되어 감염된 환자의 상처에도 석탄산(페놀) 같은 소독제를 바르고 싸매 두는 방법이 사용되었어요.

그런데 내가 연구해 본 결과, 감염된 상처 부위에는 자체 방어 수단으로 백혈구가 많이 모여드는데, 이곳에 소독약을 사용하면 세균이 죽는 것보다 백혈구가 더 빨리 죽는다는 것을 알게 되었어요. 그리고 사람들에게 그 사실을 말했죠. 전쟁터에서 죽어 가는 환자의 몸을 빨리 치료하는 방법은 가능한 한 상처로 썩어 가는 부위를 절개하는 것이 최선의 방법이라고 보고했지만, 결국 군 당국과 마찰을 일으켰어요.

또, 소독약보다 수혈을 하거나 식세포 공급을 원활하게 하려고 시도했죠. 그래서 오히려 화학 약품 사용에 대한 믿음이 점점 약해졌던 것은 아닌지 모르겠어요. 실제 페니실린을 마주쳤을 때에도 그래서 쉽게 달려들지 못했던 것 같아요.

1922년경 나는 우연히 라이소자임을 발견했어요. 어느 날

배양 접시에 노란 균체가 오염되어 자라고 있었는데, 한쪽에 균들이 자라지 않고 반투명체로 빛나는 형태를 보이고 있었어요. 그래서 자세히 들여다보니까 자라는 균체 가장자리에서는 균체들이 분해되어 가고 있더군요. 오염된 균은 그람 양성균이었어요. 그러니까 나의 콧물이 떨어져 있던 곳에 오염된 균이 자라면서 콧물에서 나온 어떤 물질이 균체를 분해시키고 있었던 것이지요.

나는 그 물질이 효소의 한 종류인 것을 알아냈어요. 요즘 유전 공학 기술을 사용하는 경우 이 라이소자임이 많이 쓰인다고 하더군요. 라이소자임은 세균의 세포벽을 분해시켜서 세포를 쉽게 깨뜨리는 데 사용한다더군요. 우리 침 속에도 라이소자임이 들어 있어서 피부에 난 상처에 침을 바르면 균

의 침투를 저지하는 효과를 조금 볼 수 있지요.

효소는 세포 내에서 어떤 화학 반응이 쉽게 일어나도록 촉진시켜 주는 촉매 역할을 한다는 것을 여러분도 다 아시죠? 그러나 라이소자임으로는 항생 효과가 낮아서 약으로 쓸 만한 가능성에 대해 별로 흥미를 갖지 못하는 결과를 가져오게 되었어요. 다른 연구자들도 라이소자임의 발견에 별로 놀라워하지 않더군요. 그 발견에 대한 보고서에서 나도 별로 커다란 의미를 부여하지 못했어요.

이 점에 대해 나의 충실한 동료 중 하나는 나의 미숙한 의사소통 능력 때문에 라이소자임의 의미를 깨닫지 못했다고 비판했어요. 사실 나는 말주변이 없는 데다 차가운 시선 때문에 사람들이 어려워했죠. 하지만 내게도 깊은 다정함과 친절함이 있답니다. 내성적인 성향 탓에 다른 여러 과학자들과 의견 교환을 충분히 하지 못한 것이 아쉬워요.

우연히 발견된 페니실린

1928년 세인트메리 병원의 예방 접종과는 변화가 많았어요. 내가 세균학 교수로 임명되었고, 새 건물도 세워졌으며,

여기에 '라이트-플레밍 연구소'가 생긴 것이지요. 라이트 경도 나이가 예순이 넘어 다른 사람들의 일에 관대해졌지만, 같은 과에 있는 외모가 좋고 교양이 많은 프리먼 박사와는 자주 논쟁을 벌이기도 했어요.

얼마 후 프리먼은 알레르기 연구 쪽으로 마음을 바꾸었어요. 그런데 프리먼의 알레르기 논문에 라이트 경은 자기의 이름을 넣어 달라고 요구하여 말썽이 생겼지요. 이로 인해 학과는 둘로 나뉘고, 라이트 경은 존경심을 잃고 과학적인 업적까지도 외부로부터 업신여김을 당했어요.

그런 중에 1928년 9월의 어느 월요일, 휴가를 다녀온 뒤 나는 실험실 테이블에 쌓여 있던 배양 접시를 들여다보고 있었어요. 한천 배양 접시에는 항상 오염된 곰팡이들이 실험 결과를 망쳐 놓기도 하거든요. 배양 접시를 보고 있다가 어느 배양 접시에 눈길이 갔어요. 다른 접시에도 곰팡이가 오염되어 자라고 있었는데, 유독 그 배양 접시 주변에 있던 포도상구균들이 녹아서 마치 이슬방울처럼 보였거든요.

나는 옆에 있던 조수에게 "이것 참 재미있는 일이군."이라고 말하며 보여 주었어요. 그러자 그 조수는 "꼭 라이소자임을 발견하던 상황과 같군요."라고 말했어요. 나도 그때처럼 가슴이 두근거렸어요. 나는 곰팡이 조각을 떼어서 다른 배양

액이 들어 있는 시험관에 옮겨 넣었어요. 이 이상한 곰팡이를 보존하고 싶었나 봐요.

나중에 다른 과학자가 그 배양 접시의 상태를 더 정확히 과학적으로 설명한 것을 읽어 보면, '9cm 크기의 배양 접시의 한쪽에 잘 자란 곰팡이가 자리하고 있고, 그 주위로는 포도상 구균이 전혀 없는 구역이 보였으며, 점차 파괴된 포도상 구균들이 흩어져 있고, 멀어질수록 균체들이 선명하게 자라고 있었다'고 쓰였더군요. 이를 보고 나는 곰팡이에서 어떤 것이 나와서 한천을 통해 퍼져 균체를 파괴하고 있는 것으로 보았어요. 그것이 무엇이었을까요?

나는 1929년 5월 10일 출판된 영국 실험병리학회지에 〈B-인플루엔자 분리에 이용된 푸른곰팡이의 항세균 작용에 관하여〉라는 논문을 실었어요. 이 논문에서 다음과 같은 내용을 발표했지요.

곰팡이를 다시 배양하기 시작하였다. 여러 가지 배양 용액과 온도에서 배양해 보았고, 그 배양액의 산성도와 염기도를 측정하였다. 솜털같이 하얀 균체는 빠르게 생장하였고 2~3일 후 포자가 생성되었다. 묽은 즙(액체 배양액)에서는 배양액 표면에서 자라났다. 색깔은 배양액에 따라 약간 차이가 있으나, 진한 초록색으로 자랐고, 배양액은 노란색으로 변해 갔다. 이때부터 염기성으로 pH가 8.5~9.0이 되었고, 배양 온도 20℃에서 가장 빠르게 자랐다.

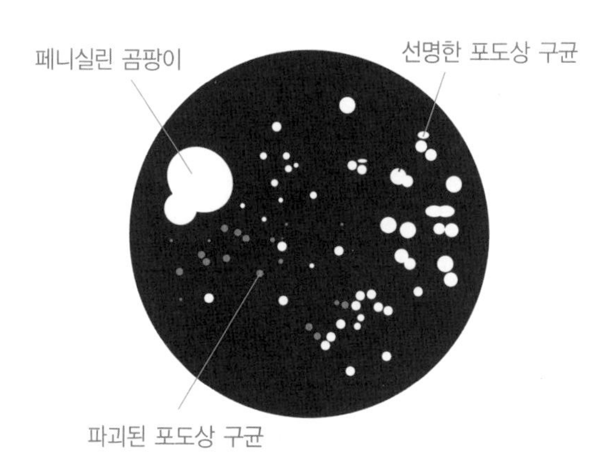

플레밍이 보여 준 세균과 곰팡이의 길항 작용

이렇게 배양된 균체는 잘 보관되었고, 나중에 페니실린 개발의 중요한 단서가 되었죠.

다음으로 나는 다른 곰팡이도 항균 물질을 만드는지를 알아보았어요. 주변에서 구할 수 있는 페니실리움이 아닌 곰팡이 균주 8가지와 페니실리움 균주 5가지를 조사했어요. 아래층에서 곰팡이를 연구하는 라 토체로부터 페니실린 분비균은 페니실리움 루브룸(Penicillium rubrum)이라는 사실을 통보받았어요. 그러나 후에 이 균주의 이름은 페니실리움 노타툼(Penicillium notatum)으로 정정되었죠.

어쨌든 조사된 균 중에서 원래 내가 처음 갖고 있던 페니실리움 곰팡이와 정확히 일치하는 균종만이 페니실린을 분비하는 것으로 확인되었지요. 이로써 곰팡이에 대한 항생 물질 분비에 관한 연구 논문에서 특이한 페니실리움 노타툼 균만이 항균 물질을 방출한다고 생각하였지요.

다음에 이 균에 의한 항균력(포도상 구균을 죽이는 능력)을 테스트했어요. 간단한 실험 방법으로 배양 접시 위에 직선으로 자란 곰팡이의 한 줄을 잘라 내어 다른 배양 접시 위에 놓고 다시 한천 배지를 채워서 반고형화시켰어요. 다음에 곰팡이 줄과 직각으로 여러 세균을 줄지어 자라게 했지요. 이때 곰팡이에서 항균 물질이 나와서 한천 속으로 퍼져 나가고,

곰팡이 줄에 가까운 곳에서 자라기 시작한 세균들은 투명하게 녹아 버렸어요. 민감한 세균들은 녹은 영역이 더 넓게 나타났지요.

이 방법으로 정확하게 포도상 구균, 연쇄상 구균, 임질균, 뇌막염 원인균, 디프테리아균, 폐렴균과 그 밖의 해롭지 않은 세균들도 파괴되는 것을 확인했어요. 그리고 액체 배양액으로 실험해 본 결과 장티푸스, 콜레라, 그리고 작은창자에서 사는 균들, 상처에 감염하기 쉬운 균들, 세균성 독감균 등의 그람 음성균들이 주로 민감하지 않은 반응을 보였어요. 또한 그람 양성균인데도 이 항균 물질에 듣지 않는 것도 있음을 알았지요.

나는 곰팡이의 항균 능력을 알아보기 위해 곰팡이를 5일 동안 액체 배양해서 그 배양액 한 방울을 20방울의 증류수로 희석해 포도상 구균을 죽게 할 수 있다고 계산해 내었지요. 그 뒤 600배 정도 희석하여도 살균력이 나타나 엄청난 살균력이 있다는 것을 알게 되었어요.

배양액을 토끼에 정맥 주사하였더니 토끼에게 아무 증상이 나타나지 않았어요. 그래서 이번에는 몸무게가 20g인 쥐에 0.5mL 정도의 배양액을 주사했더니 역시 아무런 부작용도 나타나지 않았습니다. 이것은 몸무게 80kg인 사람에게 거의

2kg의 배양액을 주사한 것이나 마찬가지거든요. 그러니 아주 안전한 물질임에 틀림없었어요.

살바르산 소독제를 상처에 바르면 그곳에 있는 세균보다 백혈구를 더 많이 죽이는 데 비해서 600배 희석한 곰팡이 배양액은 주사해도 백혈구에는 아무 영향을 미치지 않았어요.

이 사실은 나를 상당히 고무시켰지요. 사람에게 독성이 없는 약이 될 수 있었으니까요.

12년간 묻혀 버린 페니실린

문제는 항균 물질인 페니실린을 상온에 오래 두면 효능이 없어진다는 거였어요. 또한 열에도 약하고 에테르나 클로로포름에도 녹지 않는 것이 나를 실망시켰어요. 또 배양액이 8일째까지는 효능이 남아 있는데, 10~14일 정도 되면 갑자기 사라졌어요. 이것은 임상적으로 사용하기에 매우 어려운 문제를 가져다주었어요. 환자가 항상 시간에 맞추어 대기하고 있어야 하니까요.

그래서 세균 학자들이 세균 배지에서 원하지 않는 미생물을 제거하고 페니실린에 듣지 않는 유행성 독감 세균인 파이퍼균

을 분리하는 데 집중하는 수밖에 없었어요. 그리고 백일해 기침 원인균을 찾는 데에도 페니실린을 배양하여 사용하는 일에 10여 년을 더 매달렸어요.

그러면서 간혹 페니실린을 사람에게 투여해 보기도 했는데 이 조치는 나중에 중요한 기록으로 남게 되었어요. 나의 연구 조수 크래독이 결막염을 앓고 있었는데, 그 상처를 배양액으로 소독해 주었더니 상처 감염균들이 상당히 용균(세균을 녹이는 일)되고 있음을 기록할 수 있었어요. 이것은 최초의 페니실린 임상 적용이었어요.

그 후 패딩턴 역 주변의 버스 정류장에서 미끄러져 넘어진 여자의 상처에 페니실린을 임상 적용하였으나 상처가 너무

깊었는지 회복되지는 않았어요. 그리고 나의 또 다른 조수는 폐렴균의 한 변종이 눈에 감염되어 여과액으로 치료받아 완치되었어요. 그러나 페니실린의 불안정성 때문에 연구할 기회는 점점 줄어들었고, 1930년대에 와서는 앞서 발견한 라이소자임에 관한 관심이 더 많아졌어요.

특히 1932년 나의 동료인 레이스트릭이 수행한 페니실린 분리 실험에 실패한 이후, 환자에게 처방할 시기와 페니실린의 준비 시기가 일치하지 않아 약효가 너무 빨리 없어진다는 사실로 페니실린 연구에 흥미를 점차 잃어 가게 되었지요. 그래도 나는 누군가가 이 활성 물질을 분리해 주기를 바라고 있었으므로 최초의 배양 접시에 있던 곰팡이 포자를 버리지 않고 보관하고 있었어요. 이 사실은 최초 곰팡이가 발견된 뒤로 무려 12년이나 잠자코 있다가 새로운 연구로 다시 태어나는 계기를 마련하게 됩니다.

만화로 본문 읽기

그러던 어느 날, 실험실 테이블에 쌓여 있던 한천 배양 접시를 들여다보고 있다가 다른 접시는 균들로 오염되어 있었는데, 유독 한 접시에만 균들이 녹아 있는 것을 발견했어요.

그래서 실험한 결과 페니실리움 곰팡이와 정확히 일치하는 균종만이 페니실린을 분비하는 것을 확인하였지요. 이 균의 항균력도 테스트한 결과 엄청난 살균력이 있다는 것과 백혈구에는 아무 영향을 미치지 않는다는 것을 알게 되었어요.

다 섯 번 째 수 업

5

다시 기적을 보인 페니실린

플로리 박사는 체인 박사와 함께 12년간이나 냉장고에서 잠자던 곰팡이를 되살려 페니실린의 기적을 보여 주었습니다. 페니실린이 다시 주목받게 된 과정을 알아봅시다.

5

다섯 번째 수업

다시 기적을 보인 페니실린

교. 과. 연. 계.

고등 생물 Ⅰ 9. 생명 과학과 인간의 생활

고등 생물 Ⅱ 4. 생물의 다양성과 환경

플레밍이 헤어 교수에 대한 이야기로 다섯 번째 수업을 시작했다.

1964년 헤어(Ronald Hare) 교수는 페니실린의 기원을 다시 한 번 추적해 보기로 하였답니다. 이때까지 아무도 내가 처음 발표한 논문에 실린 곰팡이가 세균을 죽이는 실험에 다시 성공한 적이 없었지요.

헤어 교수는 내가 예방 접종과에서 페니실린 생성균을 발견하기 몇 달 전에 들어온 사람이었어요. 내가 발견한 배양 접시에서 일어났던 일을 40여 년이 지난 뒤에 아무도 재현할 수도, 그럴 분위기도 아닌 상황에서 그는 그 당시 기상 기록까지 확인하며, 많은 사람들이 재현해 보고 싶은 일을 정확

히 재현했어요.

그의 시도로 2가지 미생물들의 상호 관계에 대한 길항 작용의 비밀을 알아냈어요. 길항 작용이란 서로 다른 미생물이 다른 쪽 미생물의 생장을 억제하는 물질을 분비하는 관계를 말해요.

배양 접시에 포도상 구균이 완전히 자라고 나면 아무리 높은 농도의 페니실린이 있어도 포도상 구균이 끄떡도 하지 않음을 알았죠. 그래서 그는 1966년 8월 1일 결정적인 실험을 하게 되었어요. 우선 배양 접시에 포도상 구균을 깔고 중앙에 내가 사용한 곰팡이를 심었지요. 그리고 실험실 탁자 아래에 그냥 놓아두었어요. 포도상 구균은 매우 느리게 자라고 대신 곰팡이는 매우 빠르게 자랐어요. 5일째에는 주변의 포도상 구균이 죽어 가는 모습이 나타났는데 꼭 내가 처음 발표한 사진의 모습과 유사했어요. 하지만 성공한 것은 아니었죠.

헤어 교수는 실험을 여러 번 반복했지만 번번이 실패했어요. 왜 실패했을까요? 헤어 교수는 2가지 미생물 간에는 분명히 온도에 따른 상호 작용이 다르다는 것을 간파했어요. 그리고 3개의 같은 배양 접시에 2가지 균체를 성공했을 때와 같이 접종하고는 37℃, 22~23℃, 16~17℃의 장소에 두었어요. 당시만 해도 온도를 조절해 주는 냉장고가 없었으니까

비슷한 온도의 장소를 찾아 보관했어요. 그리고 관찰했더니 20℃ 이하에서 페니실린이 재발견된 것이었어요. 그 곰팡이는 20℃ 정도에서 가장 잘 자라고 페니실린을 잘 생성했던 거예요.

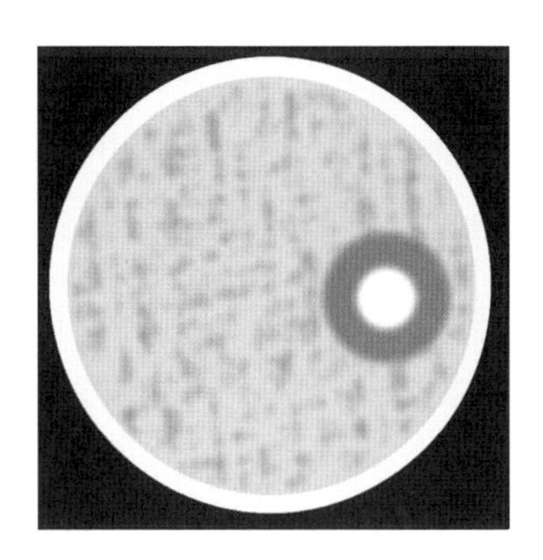

페니실리움 크리소게눔 곰팡이 균이 포도상 구균을 억제하는 모습과 곰팡이 균의 모습

나의 곰팡이는 아래층의 라 토체의 실험실에서 날아온 것으로 생각돼요. 라 토체는 천식을 일으키는 곰팡이로 백신을 만들 생각에 여러 곳에서 곰팡이를 수집하고 있었거든요. 1971년 페니실린 임상 적용 13주년을 기념하는 심포지엄에서 체인 교수는 나의 업적을 다음과 같이 평했어요.

"플레밍은 정말 무더기로 행운을 잡았던 것입니다. 그는 정말 대단히 희귀한 몇 가지 상황이 겹쳐야만 관찰할 수 있는 상황을 예리하게 관찰한 것입니다."

그리고 그는 헤어 교수의 연구 결과를 지지하며, 다음의 말을 이어 갔어요.

"플레밍이 관찰한 것을 보면, 대단히 특별한 경우로서 오랜 시간 방치해 둔 포도상 구균 접시에서 오염된 페니실린의 영

향으로 자기 분해를 일으킬 만한 생리적인 상태에 있었다는 것입니다. 그는 페니실린에 의해 세균 생장이 억제되는 세균 억제 효과를 본 것이 아니라 드물게 일어나는 페니실린의 세균 분해 현상을 본 것입니다."

또, 헤어 교수는 정제가 덜 된 페니실린으로 동물 실험을 할 수 없었던 것은 라이트 경의 실험실 분위기 때문이었을 것이라고 분석했어요. 그의 팀은 동물 실험이 지극히 인위적인 것이어서 인간에게 적용하기 어려울 것이라고 생각했던 거예요. 어찌되었든 페니실린의 분리에 실패한 우리 연구팀은 국부적인 상처의 소독약 정도로만 사용했던 실험 결과를 내놓고, 페니실린의 약품 가치를 버릴 수밖에 없었어요.

그런데도 나는 5년 뒤 기자들에게 "이런저런 시도 끝에 인류는 페니실린을 갖게 되었다."고 말했어요. 페니실린 개발에 플로리가 수행한 결과를 은근슬쩍 묻어 버리는 것이었지요. 플로리는 자신의 연구진이 수행한 일을 생각하고는 공식적인 반박을 하려 했으나 당시 과학계에서는 이를 원하지 않는 분위기였어요. 그래서 페니실린을 주도적으로 개발한 나와 플로리, 체인은 공동으로 인정을 받게 되었던 거예요.

결과적으로 옥스퍼드의 침묵으로 나와 페니실린 개발팀은 많은 보상과 칭송을 받게 되었어요. 인류 최초의 항생제인

페니실린을 개발한 것에 대해 자긍심과 자부심으로, 영국 언론은 신화를 만들고 싶었던 것인지도 모릅니다. 그것이 언론의 속성인지도 모르지요. 그래서 지금도 여러분이 배우는 교과서에는 페니실린을 만들어 낸 사람에 나, 플레밍의 이름이 들어가 있어요.

페니실리움 노타툼이 실험 접시에 떨어져 포도상 구균을 분해하여 플레밍의 주의를 끈 것은 분명 행운이었으나, 그의 공로라면 곰팡이에 의해 생긴 변화를 인지하고 그 성질을 연구하기 시작했다는 것과 그 후 다른 사람들이 사용 가능하게 곰팡이를 보관해 두었다는 정도이다.

이것은 페니실린을 성공적으로 개발한 뒤 옥스퍼드 대학 연구팀이 내리고 있던 나에 대한 객관적인 평가였어요.

페니실린의 정제 시도와 포기

그렇다면 12년 간 묻혀 버린 페니실린을 다시 살려 낸 일은 어떻게 일어났을까요?

내가 곰팡이 배양 여과액을 건강한 동물에게 많이 투여해도 동물에게 독성이 없었던 것은 사실이고, 페니실린이 언젠가는 유용한 항생제(화학 요법제)가 될 것이라고 생각한 것도 사실이었어요.

그런데 왜 내가 감염된 동물에게 주사해 보지 않았느냐고요? 그때 그 실험을 해 보았다면 옥스퍼드 팀에서 다시 개발을 시작할 때까지 12년이란 세월이 그냥 흘러가지도 않았을 테고, 그동안 많은 환자들이 죽어 가지도 않았을 것이 아닌가 하고 생각하겠죠?

사실 나는 노벨상 수상 연설에서도 이 점을 언급했는데, 그 당시 내게는 페니실린을 정제하고 분리하는 화학적인 문제를 해결할 능력과 연구원이 없었어요. 그리고 나의 어눌한 의사소통에도 문제가 있었어요.

그래도 나는 내부 연구원 중에서 크래독과 리들리 두 사람을 불러 해결해 보려고 했었어요. 하지만 곰팡이 배양액 속에 무엇이 들어 있는지 이해를 못 했고, 단지 페니실린이 매우 불안전한 물질임을 알고 있었어요. 페니실린 여과액에 들어 있는 배양액의 단백질들을 환자에게 주사할 경우 라이트 경의 혈장 실험에서처럼 환자를 죽일 수도 있다고 생각했어요. 그 단백질들이 페니실린을 정제하는 데 사실상 어려움을 가져다주었어요. 당시 실험실의 과학적 수준은 그런 문제를 해결해 주지 못할 만큼 열악했어요.

그런 문제는 1940년대에 와서야 체인과 에이브러햄의 연구로 해결되었어요. 그렇지만 사실 나의 연구원들이 기록한 연구 과정 노트들을 보면 거의 성공에 다가와 있었다는 것을 알 수 있지요. 하지만 대량 정제가 필요한 과정으로 감압 농축할 때 많은 거품이 생기면서 시료가 빠져나가는 문제는 잘 해결하지 못했어요. 그런 와중에 우리는 염산으로 페니실린을 산성화시켜야 활성을 유지하게 된다는 사실을 발견한 것이었지요. 이러한 조건을 밝혀 놓고도 당시의 시설들이 열악해서 더 이상 연구를 진전시킬 수 없었던 것은 우리가 페니실린 개발을 포기하게 만든 직접적인 요인이었어요.

페니실린을 정제하기 위한 여러 학자들의 시도

그러나 우리도 많은 진보를 이루기는 했으나 페니실린이 들어 있는 건조물에 남아 있는 단백질을 제거하는 일이 만만치 않았어요. 그때 우리는 감염된 동물에 주사해 보는 일만 남겨 두고 나는 일을 중단시켰죠. 그때가 1929년 봄이었으니까 페니실린을 발견한 지 불과 6개월밖에 지나지 않았던 때였어요. 지금 생각하면 참으로 안타까운 결정이었어요.

나중에 크래독은 다음과 같이 회고했어요.

당시에 우리를 가로막고 있는 장애물이 하나밖에 남지 않았다는 사

실을 몰랐다. 우리는 너무나 자주 좌절했었으니까. 바로 페니실린을 냉장고에 넣어 두면 일주일이 지난 후 페니실린의 활성이 사라져 버린 것을 지켜볼 수밖에 없었다. 그때 숙련된 화학자가 있었다면 확실히 페니실린을 잡았을 것이다.

그래서 페니실린은 여러 사람에게 도움이 되기 위해 다시 12년을 기다려야만 했죠.

그렇게 긴 시간이 지나게 된 데에는 제2의 시도도 실패로 끝났기 때문이에요. 1929년에 런던 위생 및 열대병 학교에 생화학과가 생겼어요. 대영 제국의 여러 곳에서 발견되는 질병이나 병균과 관련된 분야 등을 연구하고 운영하기 위해서였어요.

생화학과에 레이스트릭 교수가 선임되었어요. 그는 곰팡이 연구에 조예가 깊었으며, 곰팡이에서 만들어지는 화학 물질을 16가지나 발견했어요. 그래서 페니실린 곰팡이에서 생긴 생성 물질을 조사하면서 자연스럽게 페니실린을 다루었어요. 하지만 분리하기가 어렵다는 말을 듣고는 미련 없이 포기하였지요.

그러나 1932년 다시 연구 논문을 쓰면서 연구진을 모으기 시작했어요. 레이스트릭 교수는 나에게 페니실린균을 요청

했고, 나는 기꺼이 그에게 균주를 내주었어요. 그러나 나는 페니실린 연구에 관한 경험이나 내용을 말해 주지는 않았어요. 그래도 그들은 나의 균주가 페니실리움 노타툼의 변종인 것을 알게 되었고, 내가 사용한 소의 심장즙보다도 합성 배지에서 잘 자란다는 것을 알아냈어요.

2~3개월 동안 그들은 이 '짜펙-독스(Czapek-Dox)'라 하는 인공 배양 배지에서 약간 느리지만 잘 자라고 더 높은 농도의 페니실린이 배출된다는 것을 알아냈어요. 그리고 배양액의 갈색 액체는 약한 염기성이었고, 천천히 황산액을 넣어 주면 노란색의 '크리소제닌'이라는 페니실린 활성과 무관한 물질이 추출됨을 알아냈어요.

다음으로 페니실린이 들어 있는 층에서 단백질을 추출해 냈어요. 배양액을 소의 심장즙을 사용할 때는 많은 양의 단백질들이 페니실린과 함께 추출되어서 까다로웠지만, 합성 배지에는 이러한 단백질이 들어 있지 않아 페니실린 추출이 비교적 쉬웠을 거예요. 추출된 약간의 단백질은 곰팡이가 인공 배지에서 자라면서 만들어 낸 것이었죠. 그리고 더욱 중요한 점은 이런 실험을 하는 동안 페니실린의 활성을 유지하는 방법을 알아낸 거예요.

또, 농축할 때는 pH6.0을 유지하는 것이 좋다는 것도 알아냈어요. 그리고 그런 산성도에서는 에테르에도 녹는다는 사실을 새롭게 알았어요. 그러나 불행하게도 에테르에 녹인 후 바로 농축하기 위해 멸균 공기를 주입하자 에테르와 함께 페니실린도 사라져 버렸어요. 그 사실에 레이스트릭은 아무것도 할 수가 없었어요. 그래서 결국 두 번째 페니실린 정제 시도도 실패로 끝나 버렸어요.

1934년에 홀트라는 젊은 화학자가 예방 접종과에 참여했을 때 나는 그에게 페니실린을 정제해 보라고 했어요. 홀트는 몇 주 동안 아세트산아밀을 이용하여 추출을 시도해 보았죠. 하지만 그도 페니실린의 불안전성에 정제를 포기할 수밖에 없었어요. 나중에 아세트산아밀은 중요한 해결책이었던 것이 밝혀졌죠.

미국의 펜실베이니아 주립 대학의 세균학과에 있던 레이드

박사는 내 논문을 받아 보고 페니실린의 문제들을 진지하게 해결해 보고자 했어요. 하지만 그도 혼란스러운 여러 결과들과 일관성이 없는 결론으로 애를 먹었어요. 그렇지만 그는 페니실린이 세균을 분해하는 것이 아니라 세균의 생장을 정지시킨다는 사실을 알게 되는 수확을 거뒀어요. 그러나 그 당시 페니실린 자체가 별로 주목을 끌지 못했고, 1935년에 그도 결국 추출 용매로 아세톤과 에테르를 사용해야 하는 원점에 도달하게 됐어요.

1931년 최초로 페니실린을 임상에 적용해 본 사람은 요크셔주 셰필드의 세균학 병원에서 일하던 페인 박사예요. 그는 나에게 의학 수업을 받은 제자였고, 나의 논문을 읽고는 나에게 포자를 요청했어요. 그는 혼자서 실험을 재현해 보았는데, 배양액에서 항생 물질을 이용해 포도상 구균으로 감염된 환자에게 7일간 치료해 보았으나 아무런 효과가 없었어요.

그러나 그는 눈에 포도상 구균과 임질균이 감염된 4명의 아이에게 페니실린 곰팡이 즙을 투여했더니 4일 만에 세 아이가 완치된 결과를 얻었지요. 특히 임질균에 효과가 있음을 알아냈지만 불행하게 아무도 여기에 주목하지 않았어요. 그는 그 후 탄광 노동자의 눈에 난 상처에 폐렴균이 감염된 것을 보고 배양액을 넣어 주어 완치시켰어요. 그 뒤에 그는 배양액을 일정하게 만들기가 너무 어려워 임상 적용을 더 이상 할 수 없었어요.

나중에 밝혀졌지만, 이런 불안전성은 곰팡이가 너무 자주 변이를 일으킨다는 사실 때문이었어요. 그때 페인 박사와 셰필드 세균학 병원의 병리학 교수였던 플로리는 곧 옥스퍼드 대학 병리학 교수로 자리를 옮겼고, 10년 뒤 1941년 플로리는 페니실린을 개발하게 되어요.

1930년대 후반에는 항생 물질의 가능성에 대해 아무도 생각하지 못했기에 더 이상의 노력은 없었어요.

페니실린, 다시 승리의 깃발을 날리다

1928년과 1935년 사이에 페니실린을 다룬 4편의 연구 논문이 발표되었는데도 어떤 과학자나 제약 회사도 그 새로운 가능성에 뛰어들지 않았던 점은 이상해요. 하지만 당시의 이 분야 연구 환경을 보면 짐작할 수 있지요. 화학 요법의 개념을 받아들이고 싶지 않았다는 것이지요. 그리고 시험관에서 세균을 죽이는 물질을 사람에게 적용하면 세균뿐만 아니라 사람 세포도 죽인다는 생각 때문이었어요.

또, 그 당시 제약 회사라는 것은 존재하지도 않았으며, 페니실린 등의 항생제가 개발된 이후에나 본격적으로 제약 회사가 생겨났기 때문이에요. 물론 1920년대에는 아스피린이나 페나세틴 그리고 매독 치료제로 쓰인 살바르산, 네오살바르산 등을 대량 합성하는 회사들도 있었긴 하지요. 그 밖에 인슐린이나 여러 가지 백신들이 제약 회사가 아닌 연구소 단위의 실험실에서 조금씩 만들어지고 있었을 뿐이었어요. 더구나 1920년대 영국의 제약 산업은 거의 절망적인 수준이었거든요.

그 당시 영국의 거의 모든 화학 산업은 붕괴 직전이었다고 해요. 지금은 세계적인 제약 회사로 큰 '글락소'라는 회사도 당시에는 유아 식품, 약용 식품 분야에만 머물던 상황이었거든요. 그나마 독일의 라인 강변에 유일하게 큰 유기 화학 공장들이 있었지요. 바이에르, 획스트, 파르벤 등의 회사들이 있었을 정도예요. 당시 이들은 독일의 에이리히 박사의 특정 염료가 특정한 세균을 찾아서 죽일 수 있다는 설에 의해 모두가 그 '마법의 총알' 찾기에 혈안이었지요. 또한 1930년대에 미국의 제약회사에서도 당시에 만연하던 폐렴균을 치료할 치료용 백신을 개발하고자 총력을 기울였어요.

그러다가 비로소 화학 요법을 찾아내서 모두가 몰두하던 백신 계획을 확장시키게 되는 계기가 1935년 독일에서 일어났어요. 독일 바이에르 회사의 도마크 박사가 〈세균 감염에 대한 화학 요법의 공헌〉이라는 논문으로 금빛 색깔의 프론토실이라는 염료인 설파제 또는 설폰아마이드제라는 약을 만들어 냈어요. 설파제는 시험관 안에서는 아무런 살균 효과를 보이지 않다가, 동물의 몸속에서는 강력한 살균 효과를 보인다는 것이었어요.

도마크의 논문을 보면, 그는 14마리의 쥐 복강에 용혈성 구균을 주사하고 30분 후 프론토실을 주사하였더니 12마리는 7일간 계속 생존하였고, 처리하지 않은 쥐는 4일 만에 모두 죽었다는 결과를 얻게 되었죠. 프론토실은 체내에서 술폰

아미드로 쪼개어져 강력한 살균 효과를 보였다고 해요. 1935년과 1936년 사이에 사람들은 그제야 화학 요법에 대한 믿음을 갖기 시작했고, 혁명적인 사고의 전환을 하게 되었죠. 나의 연구도 1937년과 1940년 사이에는 술폰아미드에 대한 것뿐이었으니까요.

페니실린 발견 당시에 세인트메리 병원의 라이트 경 밑에 있었던 클레브룩과 헤어 교수도 런던 서부에 있는 퀸샬럿 병원에서 일하고 있었으며, 클레브룩은 설파제의 뉴스를 듣고 왕립 의학 도서관에서 도마크의 논문을 찾아봤어요. 당시 런던에 와 있던 프론토실 염료를 처음 만든 하인리히 호에르라인 박사의 강연을 듣고 그는 약간의 프론토실을 얻어 도마크의 실험을 반복해 보았어요.

몇 번의 실패를 경험한 그는 결국 인위적인 감염에 대한 약의 효용성 검증을 싫어하던 라이트 경의 학설이 정당하다고 믿고 포기하려고 마음먹고 있었어요. 그즈음 그는 포론토실을 연구하던 웰컴 연구소의 버틀 박사로부터 얻은 독성이 더 강한 연쇄상 구균으로 실험을 했더니 효과가 있음을 검증할 수 있었어요. 이로써 많은 반론과 논쟁을 남긴 프론토실에 대한 효과를 검증해 보게 된 거예요.

그 뒤에 여러 화학자, 의학자들은 프론토실의 구조를 변형시켜 가면서 새로운 술폰아미드 제제를 만들어 사용하게 되었어요. 이것은 사고의 혁명일 뿐만 아니라, 제약 연구의 활성화를 가져왔으며, 성공적인 화학 요법제가 새롭게 각광을 받게 되는 계기를 가져다주었어요. 이로써 페니실린도 역시 또 다른 신약이 될지 모른다는 인식이 확산되기 시작하였고, 그러한 인식하에 그 뛰어난 효능의 신약이 개발될 수 있는 기회가 다시 찾아오게 된 거예요.

옥스퍼드 대학에 있던 플로리와 체인이 처음부터 페니실린을 생산하는 일에 매달린 것은 아니었어요. 대학에 재직하는 교수로서 다른 우수한 학자들처럼 수준 높은 연구를 하고 싶어 했고, 의학과 생화학 지식을 두루 갖춘 당시의 첨단적인 지식

으로 재미있고 새로운 결과를 만들고 싶어 했습니다. 그렇게 하려면 연구할 돈이 필요했지만, 돈이 부족한 현실에서 일상적인 재원으로는 그런 일을 하기가 어렵다는 것을 잘 알고 있었어요.

그래서 그들은 외부에서 큰돈을 끌어올 만한 계획을 수립하고자 했던 거예요. 그런 동기가 결국은 '페니실린'이라는 거대한 물질을 다시 찾아내게 한 거예요. 어떻게 12년간이나 묻혀버린 페니실린이 다시 살아난 것일까요? 이 이야기는 페니실린에 대한 두 번째 신화가 되어 버렸지요.

당시 제2차 세계 대전에 대한 전쟁의 위협과 전쟁 발발은 강력한 항세균 물질을 찾아야 한다는 명분을 제공하고 있었어요. 1938년에는 다른 항세균 물질이 존재한다는 증거들이 많이 쏟아지고 있었어요. 미국의 르네 듀보와 셀먼 왁스먼은 이러한 방향을 모색하고 있었지만, 옥스퍼드 연구팀은 그러한 항세균 물질을 찾겠다고 처음부터 의도하지는 않았어요. 하지만 독성이 없는 항생제에 대한 단서를 연구 중에 쥐게 되었으니 참으로 운이 좋았죠.

옥스퍼드 연구팀의 성과

그렇다면 옥스퍼드 연구팀은 어떻게 페니실린을 발견하게 되었을까요?

그에 대한 이야기에 앞서 그 팀이 어떻게 해서 만들어지게 되었는가를 먼저 이야기하는 것이 좋겠어요.

플로리(Howard Florey, 1898~1968)는 호주 출신의 명석한 학자였어요. 1898년 9월 24일 호주의 애들레이드에서 태어난 그는 그곳의 세인트피터 대학에서 박사 학위를 마친 후 1922년에 영국 옥스퍼드 매그덜린 대학에 로즈 장학생으로 유학을 와서 생리학을 전공했어요. 그러다가 1924년 셰링턴 교수의 제안으로 케임브리지 대학에서 병리학으로 전공을 바꾸어 공부했어요.

1925년에는 록펠러 재단의 지원으로 1년간 미국 펜실베이니아 대학 등의 여러 곳에서 새로운 연구 분위기와 사람들을 접할 수 있었죠. 이러한 경험이 나중에 페니실린이 영국과 미국의 합동 연구로 성공하게 하는 계기를 마련하게 하였는지도 몰라요.

그 뒤 플로리는 자유 연구원 자격으로 런던 병원에서 임상 경험을 쌓았고, 1929년부터는 1931년까지 셰필드의 병리학

교수로 일하기도 했어요. 그러다가 1935년 에드워드 멜런비 교수의 추천으로 옥스퍼드 병리 학교로 자리를 옮기게 되었어요.

체인(Ernst Boris Chain, 1906~1979) 박사는 1906년 베를린에서 독일계 유대인으로 태어났으나 1933년 나치를 피해 영국으로 건너 왔어요. 당시 독일에서 의사 자격을 따고 생화학을 공부하던 중이었지요. 영국에서 그는 케임브리지 생화학 연구소의 홉킨스 교수 밑에서 비타민의 중요성을 연구하고 있었어요. 그는 말도 잘하고 아인슈타인을 닮은 외모에 외향적인 성격으로, 영국인에 가까운 플로리와는 대조적이었죠. 그는 플로리와 합류한 뒤 계속해서 뱀의 독에 있는 독성 물질을 연구하여 뱀독이 호흡 계통의 효소 작용을 억제한

다는 것도 발표했어요.

여러분은 아마 효소가 무엇인지 알고 있으리라 생각돼요. 효소는 생체 내에서 일어나는 수천 가지 화학 반응 중 특정한 한 가지 반응을 촉매해서 일이 잘 일어나게 하는 단백질 성분이지요. 다시 말하면, 효소는 생체 내에서 음식물을 분해하거나 세포 내 물질을 합성할 때에 화학 반응이 일어나고, 그 반응을 촉진하는 촉매 역할을 해요.

모든 단백질은 20여 가지의 아미노산이 각각 다른 순서로 연결되어 있고, 단백질마다 사용된 아미노산의 종류와 순서, 개수가 다르게 연결되어 있어서 그들 간의 인력, 척력 등으로 3차원적 공간을 형성해요. 오늘날에는 그 공간적 구조가 단백질의 기능을 나타낸다고 알려져 있지요. 따라서 효소는 그 공간적 구조에 한 가지 특이한 기질 분자를 결합한 후 새로운 생성물을 만들어 내고, 다시 효소는 원래의 형태를 취하면서 떨어져 나와요.

체인 박사는 뱀독 연구를 끝낸 후 플로리가 제안한 '라이소자임'으로 연구의 방향을 잡았어요. 플로리는 라이소자임은 효소의 일종이고 항세균력뿐만 아니라 면역과 위궤양의 원인으로 생각했는데, 체인은 이를 높이 평가했어요. 체인은 1937년 말에 라이소자임 실험을 끝내고 논문을 쓰기 위해 문

헌을 찾던 중에 〈세균이 파괴되거나 분해되는 현상〉에 대한 논문을 읽게 되었어요. 이때 그는 한 가지 형태의 세균이 다른 세균을 분해한다는 보고를 읽었고, 특히 세균이나 곰팡이, 스트렙토마이세스균 등이 분비하는 물질이 다른 균을 죽이기보다 생장과 분열을 방해한다는 보고서를 많이 읽게 되었어요. 그중에서 가장 충격적인 논문 하나가 바로 1929년에 발표된 나의 논문이었어요.

이것은 또 하나의 우연이 아닐까요? 플로리는 내가 발견한 라이소자임에 흥미를 가졌고, 이를 위해 체인에게 라이소자임을 연구하자고 하였는데, 논문을 읽다가 내가 쓴 항세균에 관한 논문을 발견한 거예요. 원래 플로리는 항세균 물질로서의 라이소자임에 관심을 보인 것이 아니라, 라이소자임의 생리적 작용에 관심을 두었기 때문이지요. 그리고 체인이 논문을 검색하다가 내가 쓴 논문을 발견하게 된 것도 우연이겠지요.

그때 플로리는 학과에 빚이 생겨 돈 문제가 불거졌어요. 그래서 더 이상 실험 장비를 사지 못할 형편이었어요. 앞으로 하고자 하는 일이 난관에 봉착하자 플로리는 미국에서 있을 때 알게 된 록펠러 재단을 생각했어요.

1938년도 후반쯤에 그는 록펠러 재단의 문을 두드렸죠. 그렇게 해서 플로리는 체인에게 장기간 연구할 수 있는 생화학 연구 계획을 짜 보라고 지시하였고, 체인은 미생물에 의해서 생성되는 항세균 물질에 관한 체계적인 장기 연구 계획을 세웠어요. 이 계획은 1939년 11월 20일에 계약이 이루어졌고, 이때는 이미 독일과의 전쟁이 일어났어요.

그들은 그 제안서에 이론적 생화학 연구의 중요성을 내세우고 그 결과를 치료 목적으로 전환시킬 수 있음을 명시했죠. 연구 내용에 '용균 효소를 통한 세균 길항 현상에 대한 화학적 연구'라는 제목을 붙였어요. 뱀독과 라이소자임을 연구한 결과를 바탕으로, 항세균 물질은 틀림없이 효소일 것으로 예측했던 거예요.

그들은 이 연구 제안서를 제출해 놓은 상태에서 이미 세균의 길항 연구를 조금씩 시작했어요. 이때 그들은 이미 플로리 전임자인 드라이어 교수로부터 나의 곰팡이를 얻을 수 있었어요. 체인은 1939년 초 어떻게 해야 페니실리움 곰팡이가 페니실린을 생산하게 할 수 있는가를 배우기 시작했어요.

전쟁이 발발하면서 플로리는 노먼 히틀리(Norman Heatley,

1911~2004) 박사를 케임브리지에서 옥스퍼드로 데리고 와서 합류시켰어요. 이렇게 해서 1940년 초부터 곰팡이 배양과 기본적인 검사, 페니실린의 효능과 강도를 측정하기 시작했어요. 그는 곰팡이를 기르고 배양 접시에서 표준 세균들을 이용하여 페니실린에 대한 강도 실험을 맡았고, 체인은 그 물질을 정제하려고 했어요. 그러나 그 결과로 놀랍게도 페니실린은 단백질이 아니라는 것을 알게 되었어요.

그 사실은 충격이었어요. 또, 여전히 페니실린은 불안정성을 보였으므로 효소가 아닌 물질이 그렇게 불안정성을 보인 것에 놀라움을 금치 못했어요. 이 점에 체인은 호기심을 보였어요. 순전히 과학적 흥미를 갖고 효소가 아닌 페니실린을 추적하기 시작했어요.

우선 그는 안정성을 유지해 주는 pH 범위를 찾아보기로 했어요. 그리고 곧 pH5~8 사이에서만 안정을 보인다는 사실을 알아냈어요. 안정을 보인다는 것은 페니실린 효능이 없어지지 않게 된다는 것을 말하지요. 또한 보다 더 안정을 유지하기 위한 방법으로 동결 건조법을 시도하기도 했어요.

동결 건조법은 물을 얼린 상태에서 진공을 걸어 시료를 말려버리는 기술이에요. 요즈음 여러분이 사 먹는 야채나 과자류들이 이런 방법으로 만들어 낸 제품이라는 것은 알고 있지요. 이 방법으로 얻은 페니실린 가루를 쥐에게 20mg이나 투여했는데 놀랍게도 아무렇지도 않았어요. 이렇게 해서 가루 페니실린에 독성이 없는 것을 확인하였고, 투여된 쥐의 오줌에서도 강한 페니실린 활성이 그대로 남아 나온다는 것을 알게 되었어요.

이 사실은 매우 유익한 정보였어요. 왜냐하면 페니실린이 체

액 속에서 항세균 작용이 일어나고 있으므로 화학 요법제로서의 항생제 약으로 사용하기가 쉽다는 것이지요. 약이 혈액을 따라 순환하면서 감염된 세균을 격파하는 항생 물질의 개념이 최초로 인류에게 다가온 거예요. 결국 1940년 5월 25일 페니실린이 실험용 쥐에게 쓰이기 시작한 거죠.

쥐의 복강(배) 속에 쥐에게 치명적인 연쇄상 구균을 투여한 후 페니실린을 주사해 준 쥐들은 다음 날이 되어도 멀쩡했지만, 약이 들어가지 않은 쥐는 감염 후 13~16시간 내에 죽었어요. 이때 사용한 페니실린은 1%의 순도밖에 되지 않았어요. 그 흥분과 기쁨의 순간에 플로리는 곧바로 모든 수단을 다 동원해서라도 대량 생산을 해야 한다는 계획을 세웠어요.

그때는 이미 제2차 세계 대전이 시작되어 많은 병사들이 총상에 이은 세균 감염으로 죽어 가거나 썩은 다리를 잘라 내야 하는 급박한 상황이었거든요. 그들은 〈란셋〉이라는 학술지에 쥐 임상 실험 결과를 기고했어요. 여기에 그들은 어떤 세균들이 페니실린에 의해 죽게 되는가를 썼으며, 페니실린은 세균을 죽이는 것이 아니라 세균의 생장 발육을 방해하는 것이라고 썼어요.

결국 플로리는 페니실린이 포도상 구균, 연쇄상 구균, 클로스트리디아 등의 균에 감염된 생쥐를 보호한다는 것을 밝힌 것이었어요. 또한 시험관에서 페니실린이 그렇게 작용하는 것이 아니라 생체 내에서 실제로 약효가 있다는 것을 보여 준 거예요. 이것은 정말 훌륭한 업적이었어요. 더욱이 1940년 5월부터 8월까지 독일군이 영국 땅을 위협하고 폭격이 심했던 어려운 시절에 성공했기 때문에 더욱 값진 일이었지요.

실험 중에 그들은 영국이 독일에 넘어갈지 모른다는 생각에 독일군이 침입해 들어오면 누군가는 캐나다나 미국으로 도망가야 하고, 도망갈 때 곰팡이 포자를 옷 속에 숨겨서 가야 한다는 준비까지 했었어요.

플로리의 겸손하면서도 강력한 지도력은 단지 18개월간의 연구로 최초로 사람에게 임상적 실험까지 성공을 거두게 했어요. 8명의 연구진들을 지휘하고 더 높은 순도를 얻기 위하여 노력하면서 동시에 인간에 대한 임상 실험을 하려고 계획하고, 페니실린에 대한 물질의 생산과 검사를 담당할 상업적인 회사를 영국에 세우려고 노력했어요. 그러나 산업계로부터 이를 받아들이게 하지 못하자, 그들은 새로운 고민에 빠졌어요.

그러던 중 첫 번째 사람에게 페니실린 주사를 시도하였으나, 아직 불순물이 남아 있는 상태로 인해 그 환자는 심각한 부작용이 나타났어요. 그래서 그들은 독성 성분을 제거하기

위하여 크로마토그래프법을 사용했죠. 어느 정도 불순물이 빠진 페니실린으로 자원자 중에서 주사로 투여받은 환자들에게는 다행히도 독성이 나타나지 않았어요. 무독성이 확인된 페니실린으로 가벼운 감염 환자에게 정맥 주사로 투여하였더니 적절히 치료되었어요.

그 뒤 위급한 포도상 구균과 연쇄상 구균에 감염된 대학 경찰관 한 사람이 페니실린을 투여받고는 놀랄 만큼 호전되었어요. 준비된 페니실린이 떨어져 가자 연구진은 환자의 오줌에서 다시 페니실린을 정제하여 계속 투여했어요. 하지만 워낙 감염이 심각해서 결국 그는 사망했어요. 그로 인해 페니

실린의 효과는 충분히 보여 주었어요. 나중에 알아냈지만, 페니실린이 너무 빠른 속도로 오줌으로 빠져나가 버린 것이었어요. 그 뒤 석 달 동안 5명의 환자가 더 치료를 받아 모두 치유되는 기쁨을 누리기도 했어요.

그들 모두는 페니실린의 효과를 보고 '거의 기적적인 일이었다'고 기록했어요. 세균 감염에 대해 속수무책이었던 그전에 비하면 페니실린의 효과는 정말 기적이었어요. 한번은 어린아이가 페니실린 치료를 받기 시작하여 이미 의식조차 없다가 치료 후 며칠 내에 회복되었고, 그러다가 갑자기 죽었어요. 사후 부검 결과 감염으로 인해 뇌동맥이 약해져서 파열된 것이었는데, 사체 내부에서는 감염되었던 세균은 깨끗해져 있었어요. 이것은 페니실린이 감염을 직접 치료했음을 결정적으로 보여 준 증거였어요.

또, 페니실린의 빠른 치료 효과만큼 인체에 독성이 없다는 사실이 중요했던 거예요. 요즈음은 이만한 임상 처리 숫자로는 새로운 약에 대한 등록을 얻기가 매우 어렵지만, 당시로서는 엄청난 파급 효과를 가져왔어요. 연구진들에게는 정말 영웅적인 나날이었어요. 전쟁터에서 영웅적인 전투를 치러낸 것보다 더 영웅적인 일들이었지요.

하지만 당시에는 곰팡이를 대량 배양하기가 너무 어려웠어

요. 특히 전쟁 중이었던 영국의 상황은 말이 아니었어요. 그래도 그들은 대량 배양 방법과 정제하는 일에 총력을 기울였어요. 대량 배양을 한 후 대부분의 배양액을 빼내고 약간 남은 배양액에 새로운 멸균 배양액을 다시 보충하는 방법을 새롭게 개발하여 새 곰팡이가 자라는 데 걸리는 시간을 절약하기도 했어요. 정제하는 것도 새로운 방법을 계속하여 발전시켜 나갔지요. 그리고 화학자들에겐 페니실린의 구조를 밝히기 위해서라도 순수하게 정제된 페니실린이 필요했어요.

그래서 갖은 방법을 다 동원하였으나, 대량 정제시키기는 쉬운 일이 아니었어요. 밤낮으로 영국의 마을과 도시들이 폭격받는 상황이었거든요. 그럼에도 불구하고 그들은 정말 전쟁 영웅처럼 일을 추진했고, 그 결과 기적의 약을 발견해 낸 거예요. 더욱이 그 약은 제약 회사에서 발견한 것이 아니라, 대학의 연구실에서 발견했다는 데 더 의미가 큽니다.

물론, 내가 처음 우연히 곰팡이를 발견하긴 했지만 사람에게 치료할 수 있도록 만들지는 못했어요. 하지만 그들은 곰팡이에서 부서지기 쉬운 성질을 가진 페니실린을 찾아내 안전하게 환자에게 투여해 치료할 수 있게 한 거예요. 이들의 노력으로 화학과 임상의학의 새로운 분야가 발전하는 계기가 만들어진 거예요.

결국 플로리는 새롭고 어려운 결단을 내려야 한다고 생각했어요. 전쟁 중에 영국에서는 이 경이로운 약의 대량 생산이 어렵고 결국 미국의 도움이 필요하다는 것을 느끼기 시작한 거예요.

여섯 번째 수업

6

페니실린의 대량 생산을 위하여

전쟁의 위험 속에서 플로리는 어떻게 페니실린을 대량 생산하게 되었을까요?

6

여섯 번째 수업

페니실린의 대량 생산을 위하여

교. 과. 연. 계.

고등 생물 Ⅰ　9. 생명 과학과 인간의 생활

고등 생물 Ⅱ　4. 생물의 다양성과 환경

플레밍이 플로리에 대한 이야기로 여섯 번째 수업을 시작했다.

플로리가 처음부터 페니실린의 대량 생산을 생각한 것은 아니었어요. 그러나 이제는 대량 생산을 해서 전장에서 세균 감염으로 죽어 가는 병사들의 목숨을 살려야 한다는 생각이 떠나지 않았어요. 실험실에서는 한 번에 많은 양을 얻기가 어려웠어요. 그래서 그는 체계적인 임상 실험을 위해서라도 미국에서 더 많은 페니실린을 생산해야 하는 문제를 해결할 필요가 있다고 생각했어요.

이때 이미 플로리는 페니실린의 군사적인 가치를 생각하기 시작한 거예요. 곰팡이가 적국인 독일에 넘어갈지 모른다는

염려에 그는 1941년 6월 냉동 건조된 곰팡이를 짐 속에 넣고 히틀리와 함께 제3국을 통해 미국에 도착했어요. 곰팡이를 지닌 그들은 조바심 끝에 7월 3일 뉴욕에 도착했어요. 록펠러 재단의 그래그 박사 등 많은 사람의 도움으로 미국 농무성의 퍼시 웰스 박사와 함께 피오리아의 농무성 연구소에 도착했죠.

대량 생산된 페니실린

큰 발효 장치가 설치된 그곳에서 로버트 코길 박사를 만나게 되었고, 그의 제안으로 심층 발효(곰팡이를 액체 배지 속에 잠기게 하여 배양하는 것)가 좋겠다는 제안을 받았어요. 이 방법은 후에 페니실린 대량 생산에 중요한 단서가 되었고, 미국에서 대량 배양 방법으로 특허권을 행사하게 되어 영국에 심각한 피해를 입히게 돼요.

코길 박사는 '플로리 일행은 우리를 감동시켰다'고 나중에 기억해요. 우선 그들은 냉동 건조된 곰팡이를 다시 살려 내야 했어요. 영국을 떠나온 지 너무 많은 시간이 지났기 때문이었어요. 곰팡이들은 어렵게 다시 발아해서 자라기 시작했어요. 히틀리는 6개월간 피오리아에 머물며 옥스퍼드에서 했던 기술을 모두 전수해 주어야 했죠.

페니실린의 생산 수준을 더 높이기 위해 신선한 효모 추출액보다 옥수수 추출액이 더 좋다는 것도 새롭게 발견하게 되었어요. 미국은 옥수수에서 전분을 추출한 후 남은 찌꺼기에서 갖은 곰팡이가 자라면서 썩어 골칫거리였어요. 이를 해결할 방안이 생긴 것이죠.

함께 일하던 피오리아 소속의 모이어 박사는 나중에 공동 연구한 결과를 자기 혼자 한 것처럼 속이고 논문이나 특허를 제출하여 큰 문제를 일으키기도 했어요. 이에 미국 측에서는 모이어 박사가 특허권 혜택을 받지 못하게 했지만, 결국 모이어는 나중에 페닐아세트산으로 곰팡이를 배양하여 새로운

곁가지를 지닌 페니실린 G를 개발하여 돈을 상당히 벌게 되었어요.

또, 컬럼비아 대학의 헨리 다우슨 박사는 플로리 연구진이 기고했던 학술지 〈란셋〉을 보고 미국에서 처음 페니실린으로 환자를 치료해 보았어요. 이때의 페니실린은 독일의 화학자 카를 마이어와 미국의 미생물학자 글래디스 호비 박사 등이 로저 레이드 박사에게서 얻은 곰팡이로부터 추출해서 사용한 것이었어요. 그러나 다우슨 박사는 결국 충분한 페니실린을 얻지 못해서 좋은 임상 실험 결과를 얻지 못하고, 1941년 학회에서 "페니실린은 매우 큰 잠재적 중요성을 가진 화학 요법제로 보인다."고 보고했어요.

결국 플로리는 북미 지역의 큰 화학 회사를 돌며 대량 생산을 설득해야만 했어요. 그렇지만 당시 화학 회사들로부터 큰 흥미를 이끌어 내지 못한 플로리는 펜실베이니아 대학의 리처드 교수로부터 '페니실린 생산을 촉진할 수 있는 가능성'을 알아봐 주기로 하는 약속을 받아 냈어요.

이로써 1941년 10월 2일 미국 의학연구위원회는 페니실린 생산에 우선권을 부여하는 데 동의했어요. 동시에 정부와 4개의 큰 제약회사 간 회의에서 머크 사는 12월 17일 페니실린을 대량 생산한다는 계획을 최종적으로 수립하고 착수하기 시작했어요. 이때 미국은 일본으로부터 진주만 공격을 받고 전쟁에 휩쓸려 들어가고 있었죠. 그런 가운데 이제 페니실린은 영국과 미국에서 동시에 생산되기 시작했어요.

그 후 미국에서는 옥수수 추출액과 락토오스(젖당)를 첨가하면 곰팡이가 더 많은 페니실린을 생산한다는 것을 알게 되었어요. 동시에 많은 미생물학자들은 다른 페니실린 곰팡이들을 검색하기 시작했죠.

미군 수송 사령부의 도움으로 지구 곳곳의 구석에서 토양 표본들이 피오리아 연구소로 보내져 검색되었어요. 하지만 별로 좋은 결과를 얻지는 못했지요. 이것만 보아도 내가, 곰팡이가 우연히 배양 접시에서 포도상 구균을 죽이고 있는 것을 발견한 것이 얼마나 큰 행운이었는지 알 수 있어요.

다른 행운이 찾아온 것일까요? 피오리아 미생물학자 캐니스 래퍼 박사의 조수 매리는 피오리아 시장의 과일 쓰레기 등에서 곰팡이 종을 수집하고 있었어요. 어느 날 그녀가 가져온 썩은 멜론에서 새로운 곰팡이가 분리되었어요.

새로이 발견된 또 다른 곰팡이는 전에 내가 발견했던 페니실리움 노타툼이 아니라 페니실리움 크리소게눔(Penicillium chrysogenum)이었어요. 이 균종은 배양액 속에 잠겨서도 잘 자랐고 이전의 어떤 곰팡이보다도 더 많은 페니실린을 만들

어 냈어요. 그래서 이 균종은 나중에 전 세계 대부분의 페니실린 생산에 쓰이는 균주가 되었죠.

피오리아 연구팀은 배양액으로부터 더욱 효율적인 페니실린 회수 방법을 강구해야 했어요. 그리고 코길 박사는 스탠퍼드 대학, 위스콘신 대학, 미네소타 대학, 콜드 스프링 하버의 카네기 연구소들과 공동 연구 과제를 체결했어요. 위스콘신 대학에서는 X선 조사와 화학 물질에 의한 곰팡이의 돌연변이체를 만들어 나의 균주보다 250배 이상의 효율로 증가시켰어요.

1941년 12월의 전쟁 발발은 미국 연구진들에게 페니실린 생산에 대한 생각을 완전히 바꾸어 놓았어요. 또 다른 화학 회사들이 페니실린 생산에 참가하기 시작하였고, 이제는 대규모로 페니실린이 생산되기 시작하게 된 거예요. 여러 의사들로부터 임상 보고서가 들어오고, 페니실린의 효과가 크게 입증되기 시작했어요.

이에 1943년부터 더 많은 페니실린 생산을 위해 총력전이 전개되기 시작하였고, 6개의 대형 회사들이 여기에 동참했어요. 대형 발효 공장 시설이 들어간 심층 발효 공법으로 전시 수요량과 그밖의 필요량을 충족시키게 되었던 거예요.

이러한 노력과 공정 개발은 현대적인 항생제 산업의 발전에 크게 기여하게 되었어요. 또한 오늘날의 다국적 제약 회사들은 대부분 당시에 뛰어든 항생제 생산 작업으로 거대한 제약 회사가 되는 발판을 마련하였던 것이지요.

영국에서의 페니실린 대량 생산

1942년 영국에서는 미국에서 돌아온 플로리에 의해 페니실린 효과가 투약하는 방법에 따라 달라진다는 결과를 발표했어요. 근육 주사, 혈관 주사, 구강 복용, 상처에 직접 발라 주는 방법 등 치료하는 방법에 따라 균의 민감도가 달랐다는 것이지요. 그리고 미국에서 공급해 주기로 한 페니실린은 오지 않았고, 임상 실험으로 바쁜 나날이 지나면서 정부에 대한 대량 생산 계획을 세워 달라는 요청도 하지 못하고 있었어요.

그러던 어느 날 나는 플로리에게 전화로 페니실린을 약간 요청하게 되었어요. 내 친구가 균에 감염되어 사경을 헤매는데 이를 치료하려면 페니실린이 필요했거든요. 내 친구는 치료를 받

아서 나왔고, 이를 계기로 정부가 다량의 페니실린을 생산하는 일을 추진해야 한다고 영향력을 가하기 시작했어요. 이로써 영국 정부의 노력으로 글락소, 웰컴, 비숍 사들이 대량 생산하기 시작했어요. 계속되는 독일의 공습으로 어려움이 컸지만 페니실린 공장들만은 무사했어요.

1943년부터 체계적인 영국 정부와 기업체 간의 협력으로 영국도 어느 정도 충족할 만한 양의 페니실린을 생산하기 시작했어요. 그리고 1944년에 피오리아에서 발견된 새로운 균주가 영국에도 보내져 생산에 쓰이기 시작했죠. 1944년 말에는 심층 배양법이 대량 생산에 더 적합하다는 결론을 내리고 1945년 여름부터 영국에서도 새로운 기법에 의한 시설을 도입하게 되었어요.

따라서 영국은 이에 대한 기술료를 지불해야 하는 문제가 전쟁 후까지 발생되어 영국인의 자존심을 크게 상하게 했어요. 이런 문제를 해결하기 위한 노력이었는지 모르지만 영국의 글락소와 디스틸러 회사들은 반합성 페니실린을 생산하기 시작했고, 재정적으로 미국의 기술료 지불 문제도 해결해 나갔어요. 드디어 1946년부터 영국도 충분한 양의 페니실린을 생산할 수 있게 되었고 수출도 하기 시작했어요.

만화로 본문 읽기

페니실린은 어떻게 대량 생산을 하게 되었나요 ?
플로리는 세균 감염으로 죽어 가는 병사들의 목숨을 살리고 싶어 했지요. 하지만 실험실에서는 한번에 많은 양을 얻기가 어렵답니다.

그래서 플로리는 체계적인 임상 실험을 위해서라도 미국에서 더 많은 페니실린을 생산해야 한다고 생각했지요.
영국이 아니라 미국에서요?

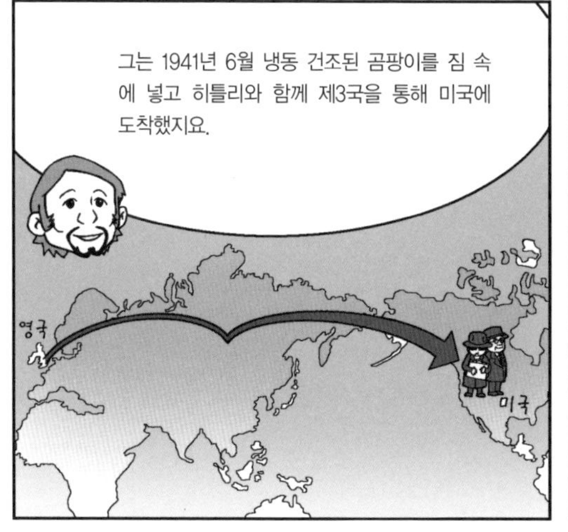
그는 1941년 6월 냉동 건조된 곰팡이를 짐 속에 넣고 히틀리와 함께 제3국을 통해 미국에 도착했지요.
영국
미국

그리고 여러 사람들의 도움으로 미국 농무성의 퍼시 웰스 박사와 함께 피오리아의 농무성 연구소에 도착했지요.
농무성 연구소
농무성 연구소에 잘 오셨습니다.

큰 발효 장치가 설치된 그곳에서 코길 박사를 만나게 되었고, 그의 제안으로 심층 발효가 좋겠다는 제안을 받았지요.

이 방법은 후에 페니실린 대량 생산에 중요한 단서가 되었고, 미국에서 대량 배양 방법으로 특허권을 행사하게 되어 영국에 심각한 피해를 입히게 되었지요.
그랬었군요.

일곱 번째 수업 7

페니실린이 바꾸어 놓은 세상

세균 감염으로 생기는 병을 막을 수 있다는 생각은
사람들에게 약에 대한 믿음을 가져다주었습니다.
페니실린은 세상을 어떻게 바꾸어 놓았을까요?

7

일곱 번째 수업

페니실린이 바꾸어 놓은 세상

교. 과. 연. 계.

고등 생물 I　9. 생명 과학과 인간의 생활

고등 생물 II　4. 생물의 다양성과 환경

플레밍이 페니실린의 전파에 대하여 이야기하며 일곱 번째 수업을 시작했다.

플레밍, 플로리, 체인의 노벨상 공동 수상

일반 사람들이 페니실린에 대해 처음 알게 된 것은 1942년 8월 27일자 〈런던 타임스〉를 통해서였어요. 〈런던 타임스〉는 '페니실리움 노타툼이라는 곰팡이가 강력한 항생 능력을 가지고 있다'고만 언급했어요. 새로 발견된 물질로 독성은 없고, 설파제가 듣지 않는 세균 감염에도 치료할 수 있다고 보도했어요.

이때부터 페니실린을 처음 발견한 나와 페니실린을 개발해

냅 플로리에 대한 사회적인 평가가 시작되었어요. 페니실린 연구에 참여해 온 학자들은 영예로운 그 일이 누구에게 돌아가야 하는지 알았으나 나, 플로리, 체인 모두가 페니실린 연구에 대한 영예를 함께 안았어요. 영국 과학계에서 주는 최고의 영예인 왕립학회 회원으로 추천되기도 했어요. 그래서 나는 플레밍 경, 플로리는 플로리 경, 체인은 체인 경이라는 칭호가 붙기 시작했어요.

1945년 노벨상도 우리 세 사람에게 공동으로 수여되었어요. 그러나 세 사람의 성공에 대한 반응은 제각각 달랐죠. 그래서 플로리는 언론에 페니실린에 대한 기사가 실리면 문제점이 나타날 것을 염려하여 언론과 인터뷰하는 것을 싫어했어요.

또 다른 새로운 항생 물질 개발 시작

페니실린은 사실 화학자들에 의해 만들어졌다기보다는 자연에서 발견된 거예요. 그래서 많은 사람들은 또 다른 자연 물질이 있으리라고 기대하기 시작했어요. 이것으로 페니실린은 항생제 혁명을 불러온 것이었죠.

세균 길항 작용으로 한 미생물이 다른 균을 죽이거나 성장을 멈추게 하는 물질을 만들어 낸다는 사실이 널리 알려지기 시작한 것이었어요. 그러한 결과로 미국 러트거스 대학에 있던 셀먼 왁스먼 교수는 토양 미생물학자의 한 사람으로서 부식토를 만드는 미생물에 관심을 두고 있었어요. 토양에서 수많은 스트렙토마이세스 균주를 확보하고 있었던 거예요. 그는 그 균주에서 어떤 항생 물질이 나오는지를 연구하기 시작

했어요.

마침내 1942년, 왁스먼 교수는 스트렙토트리신이라는 항생 물질을 찾았어요. 페니실린보다 안정된 물질로서 쉽게 분리되었지만 동물 실험에서 독성이 나타났어요. 그래도 그는 계속 새로운 항생 물질을 찾는 연구를 하던 중 1944년 드디어 그는 그람 양성균과 그람 음성균에 모두 작용하는 스트렙토마이신을 찾아 개발하게 되었죠.

이런 발견으로 거의 모든 제약 회사들은 오늘날까지도 세계 각처에서 모아 온 토양, 먼지, 균에서 새로운 유용한 항생 물질을 찾는 데 혈안이 되어 있어요. 그 결과 1947년 '스트렙토마이세스 베네수엘라'라는 균에서 클로람페니콜 항생제도 개발되었어요. 1948년에는 또 다른 '스트렙토마이세스 균'에서 오레오마이신이라는 항생 물질도 찾아냈고, 1950년에는 테라마이신도 발견됐어요.

영국에서 발견된 항생제 세팔로스포린

미국에서는 페니실린의 합성 방법도 본격적으로 연구되었어요. 1957년에는 존 쉬한 박사에 의해 성공되었어요. 이러한 합성 방법은 자연에서 얻은 항생 물질로 그 기능을 알아내어 구조를 밝힌 뒤에, 다시 그 구조에 따라 유기 합성시키는 방법으로 새로운 항생제들이 대량으로 합성되는 과정을 거치게 되었죠. 합성법에 의한 신약 개발은 지금도 활기차게 진행되고 있어요.

영국은 페니실린 개발 과정에서 특허를 미국에 빼앗기자 모든 것을 빼앗겼다는 생각이 가슴에 맺혀 있었고, 이를 만회하기 위하여 또 다른 항생제 개발에 눈을 돌리기 시작했어요.

전쟁 중에 영국이 개발한 레이더와 제트 엔진은 성공적인 산업으로 발달하게 되었어요. 하지만 실험실 수준에서 시작되었던 페니실린 개발은 임상 실험을 거쳐야 하는 문제로 인해 더디고, 더군다나 전쟁으로 더욱 어려워졌던 거예요. 전후 영국은 노동당 정부에 의해 국립 연구개발공사를 발족시켜 모든 과학자들이 내놓는 가치 있는 발명 등을 산업화하자

고 했어요. 그 결과 새로운 항생제 세팔로스포린이란 항생제가 탄생하게 되었어요.

생화학자 브로추 교수는 새로운 항생 물질을 찾는 방법을 미국에서 한 것과 다르게 시도했어요. 미국은 수많은 미생물이 사는 샘플을 구해다가 검색하는 방법을 사용하고 있었어요. 그는 장티푸스에 효과가 있는 항생 물질을 찾으려고 장티푸스가 사는 하수구에서 살다시피 하면서 살모넬라균이나 장티푸스균을 죽이는 물질을 내는 세팔로스포리움 크레모니움이라는 곰팡이를 찾아냈어요. 그는 이 균을 플로리 연구실로 가져가서 그의 연구팀과 새롭게 연구를 시작했죠. 이 항생제는 그람 음성균에도 효력을 발휘했어요.

마침내 페니실린 개발 당시에는 부족했던 발효 장치 등이 갖추어진 클레브돈 연구실에서 세팔로스포린 항생제가 생산되기 시작했어요. 옥스퍼드 학자들은 학문적인 계획하에 집중적인 연구로 세팔로스포린 N과 P 구조 중에서 N은 사실상 페니실린 구조를 가진 것을 알아냈고, 미국 애벗 사에서도 시네마틴 B가 동일 물질임이 밝혀져 남아프리카에서 수많은 장티푸스 병을 구제하는 데 쓰였으나, 결국 그보다 더 강력한 항생제가 개발되어 사라졌어요.

그래도 영국에서는 세팔로스포린 N 발효물에 소량의 물질이 남아 있어 이를 분리하여 세팔로스포린 C라 명명하였고, 결국 이것은 페니실린과 달리 페니실린 내성균에도 살균력이 있음을 밝혀냈어요. 이것은 페니실린에 영향을 받지 않던 그람 음성균과는 본질적으로 다른 현상을 보였어요. 즉, 페니실린 내성균들은 주로 페니실리나아제라고 하는 효소를 분비하여 페니실린을 분해시켜 버리는데, 세팔로스포린 C는 페니실리나아제 효소와 관계가 없이 작용하므로 그람 음성균에 살균력을 보이는 것으로 밝혀졌어요.

옆길로 새는 이야기이지만, 제2차 세계 대전 후에 전 세계에서 광범위하고 무차별적으로 페니실린이나 다른 항생제를 사용한 결과, 이러한 항생제 내성력을 갖고 있던 세균들이나 내성력을 획득하게 된 세균들이 이제는 항생제를 두려워하지 않고 광범위하게 퍼져 가고 있어요.

항생제 내성균이 생기기 시작한 거예요. 페니실린을 개발하여 임상에 적용하기 시작한 지 50~60년 만에 지금은 내성균을 죽이는 또 다른 새로운 항생제가 개발되어야 하는 거예

요. 인류가 다시 페니실린이 개발되기 이전의 상태로 돌아가 무차별적인 내성균들의 공격에 속수무책일 수밖에 없는 시대로 돌아가지 않을까 걱정입니다.

결국 영국은 피나는 노력 끝에 세팔로스포린 C의 개발로 세포린이라는 이름의 새로운 신약을 1964년 시장에 내놓았어요. 글락소 회사는 이 신약 개발로 많은 돈을 벌게 되었고, 이렇게 새로운 항생 물질이 등장하게 된 데에는 영국의 국가기관이 나서서 지원하게 된 것이 큰 힘이 되었지요. 페니실린 개발에서 1945년 영국 정부와 영국 과학자들이 받은 상업적이고 심리적인 상처는 새로운 신약을 개발하는 데 심리적으로 더 큰 약이 되었을 것이라는 점을 이야기하고 싶어요.

과학자의 비밀노트

항생제(antibiotics)

미생물이 생산하는 대사산물로 소량만으로도 다른 미생물의 발육을 억제하거나 사멸시키는 물질을 항생제라 한다. 항생제는 일정한 간격으로 지속적으로 복용하여 균을 죽일 수 있는 최소의 혈중 농도를 항상 유지해 주어야 한다. 그리고 증세가 완전히 없어진 후에도 2~3일은 더 사용해야 한다. 증세가 없어졌다고 해도 몸 안에 균이 남아 있을 수 있기 때문에 이럴 때 항생제의 사용을 중단하면 남아 있던 균들이 내성균으로 변할 수 있기 때문이다. 내성균은 다른 균에도 내성을 전이시켜서 내성균이 계속 늘어나게 하기 때문에 내성이 생기면 항균력이 더 강한 항생제를 사용하든지 다른 계열의 항생제로 바꾸어야 한다.

만화로 본문 읽기

선생님, 그럼 페니실린 외에 다른 항생제는 없나요?
아니요. 사실 페니실린은 화학자들에 의해 만들어졌다기보다 자연에서 발견된 거예요. 그래서 사람들은 또 다른 자연 물질이 있으리라고 기대하기 시작했어요.

미국의 토양 미생물학자인 왁스만 교수는 1944년 스트렙토마이신을 발견하였고, 그 후 제약 회사에서 클로람페니콜 항생제, 오레오마이신, 테라마이신도 개발했지요.
1944 스트렙토마이신 개발
1947 클로람페니콜 항생제 개발
1948 오레오마이신 발견
1950 테라마이신 발견

비슷한 시기에 미국에서는 페니실린의 합성 방법도 본격적으로 연구하여 1957년 존 쉬한 박사에 의해 페니실린의 인공 합성이 성공하게 되었답니다.
그럼 페니실린을 최초로 발견한 영국은요?

영국은 페니실린 개발의 특허를 미국에 빼앗기고, 또 다른 항생제 개발에 눈을 돌렸죠. 그 결과 새로운 장티푸스를 구제할 항생제 세팔로스포린을 개발했어요. 하지만 나중에는 더 강력한 항생제가 개발되어 사라져 버렸답니다.
이놈들!
세팔로스포린
으아~~
장티프스

영국은 다시 피나는 노력 끝에 페니실린 내성균에도 효과가 있는 세팔로스포린 C를 개발했어요. 이렇게 새로운 항생 물질이 등장하게 된 데에는 국가 기관이 나서서 지원한 것이 큰 힘이 되었지요.
국가 기관까지 나서다니 자존심이 많이 상했었나 봐요?

네, 페니실린 개발에서 1945년 영국 정부와 영국 과학자들이 받은 상업적이고 심리적인 상처는 새로운 신약을 개발하는 데 더 큰 약이 되었답니다.
입에 쓴 약이 몸에 좋다는 말이 떠오르네요, 헤헤!

여덟 번째 수업

8

모두가 좋아하는 항생제

우리 주변의 병원이나 약국에서는 너무나 쉽게 항생제 처방전을 줍니다.
항생제를 너무 많이 사용하면 어떤 결과가 올까요?

8

여덟 번째 수업

모두가 좋아하는 항생제

교.과.연.계.		
	고등 생물 I	9. 생명 과학과 인간의 생활
	고등 생물 II	4. 생물의 다양성과 환경

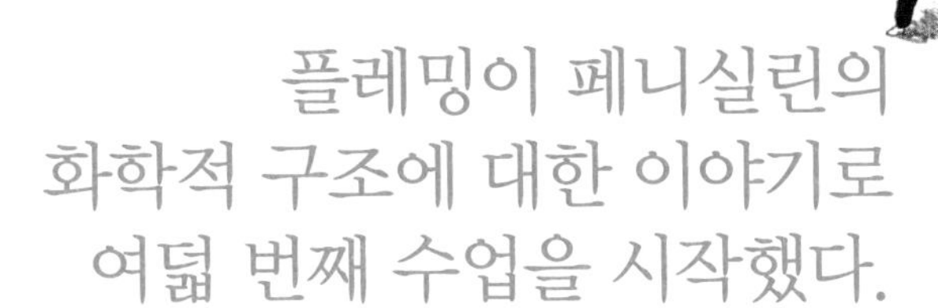

플레밍이 페니실린의 화학적 구조에 대한 이야기로 여덟 번째 수업을 시작했다.

1945년, 페니실린의 화학적 구조가 밝혀졌어요. 플로리와 함께 페니실린 개발에 혼신의 힘을 다하던 체인은 페니실린 구조가 쉽게 밝혀지리라고 믿지 못했어요. 체인은 영국에서는 충분한 양의 페니실린을 만들어 내지 못할 것이라고 생각하고 플로리와 떨어져 로마에 있는 건강 연구소에 대규모 장비를 갖춘 생화학과를 설립하였지요.

그는 곰팡이가 자라는 배양액에 새로운 첨가물을 가해서 새로운 페니실린을 생산하리라 생각한 거예요. 특히 페니실린 내성균을 해결할 새로운 페니실린을 생각하고 있었어요.

페니실린 내성 균주가 만드는 페니실리나아제 공격을 새로운 페니실린이 막아 낼 것이라는 생각을 하고 있었거든요.

이때 비첨 그룹이 공동 연구를 제의해 왔어요. 1920~1930년대에 비첨 그룹은 주로 비누, 화장품, 그리고 식품 분야로 확장해 오면서 특히 의약품을 생산하던 업체였어요. 전쟁 후반기에 들어 페니실린 생산 면허를 취득하려 했으나, 영국 정부는 거절했어요. 그래도 포기하지 않고 노력하여 다른 회사에서 만든 페니실린을 포장하는 것만 허가받았어요.

1952년 비첨 그룹은 다시 페니실린을 찾아 나섰고, 구강 투여했을 때 농도를 높이는 연구로 미국의 브리스톨-마이어 사와 상담하였으나 별로 도움은 되지 못했어요. 그러나 1953년 새로운 페니실린 V가 등장하여 입으로 먹을 수 있게

되었어요. 그래서 비첨 사는 또다시 좌절했죠. 그러다 1955년 체인 교수와 인연을 맺게 되었어요.

수천 종의 페니실린의 개발과 항생제 오남용

비첨 사는 막강한 연구진을 체인에게 보내서 드디어 아미노벤질 페니실린의 발효 공정에서 30여 종의 페니실린을 만들었어요. 실용화는 안 되었던 페니실린 결과물을 더욱 연구한 끝에 드디어 마음대로 곁가지를 붙일 수 있는 기본 구조의 페니실린 분자를 생산할 수 있게 되었던 거예요.

이제 수천 종류의 페니실린을 마음대로 만들 수 있는 분자

를 가질 수 있게 되었으며, 이를 이용하여 그람 양성균이든 음성균이든 또는 내성균이라도 적용할 수 있는 페니실린 항생제를 만들 수 있게 된 거예요. 그 원료 물질은 6-APA였고 이를 대량 생산할 수 있는 공정을 개발했어요.

즉각 브리스톨-마이어 사와 공동으로 진행해야 성공할 수 있음을 알아차린 비첨 사는 그들과 수많은 회의와 실험으로 마침내 1959년 11월부터 경구 투여가 가능하고 효능이 월등히 높은 페네테실린이라는 이름의 항생제를 시판하기 시작했어요. 그리고 바로 그 후속 항생제들을 발표하기 시작했죠. 그런 조급함은 다른 경쟁사와의 경쟁과 특허에 대한 우선권이 중요했기 때문이었어요. 그 뒤에 나온 반합성 페니실린인 암피실린과 카베니실린은 페니실린 시장을 석권해 버렸어요.

이로써 여러분은 알게 모르게 페니실린에 의한 두 번째 혁명 시대를 거치게 된 거예요. '알게 모르게'란 말을 쓴 것은 이미 여러분은 적어도 한 번쯤은 페니실린 항생제를 경험했기 때문이지요. 특히 한국은 항생제 사용의 규제가 너무나 약한 나라여서 이미 그 약들의 효력을 보았고, 전 세계적으로 항생제의 오남용이 문제가 되고 있어요.

항생제의 오남용으로 이제 세균들은 다시 재무장하고 항생제에 대항하기 시작하여 소위 슈퍼박테리아가 출현하기 시작한 거예요. 이 슈퍼박테리아에 대항할 수 있는 또 다른 새로운 항생제를 개발하지 않으면 안 되는 시대로 가고 있는 거죠.

쉽게 말하면, 1928년 내가 페니실린균을 찾아내고 플로리가 페니실린을 개발한 1940년 이전의 시대와 같이 인간을 공격하는 세균에 대항해서 사용할 약이 소용없게 된다면, 다시 한 번 질병에 속수무책인 시대로 되돌아갈 수 있다는 말이에요.

따라서 우리는 약의 오남용을 막아야 해요. 다음에 나오는 표에 있는 항생제 목록을 한번 살펴보세요. 이 밖에도 너무나 많은 항생 물질이 직간접적으로 우리의 몸에 들어오고 있어요.

임상에 주로 쓰이는 항생제

항생제	생산하는 균	잘 듣는 균	작용 방법
페니실린	페니실리움 크리소게늄	그람 양성균	세포벽 합성 억제
세팔로스포린	세팔로스포리움 아크레모니움	광범위 세균	세포벽 합성 억제
그리세오풀빈	페니실리움 그리세오풀븀	피부병 곰팡이	세포내 미세 소관
바시트라신	바실러스 서틸러스	그람 양성균	세포벽 합성 억제
폴리마이신 B	바실러스 폴리믹사	그람 음성균	세포막 기능 억제
암포테리신 B	스트렙토마이세스 노두수스	곰팡이 억제	세포막 기능 억제
에리스로마이신	스트렙토마이세스 에리스리우스	그람 양성균	단백질 합성 억제
네오마이신	스트렙토마이세스 프레디에	광범위 세균	단백질 합성 억제
스트렙토마이신	스트렙토마이세스 그리세우스	그람 음성균	단백질 합성 억제
테트라사이클린	스트렙토마이세스 리모수스	광범위 세균	단백질 합성 억제
벤코마이신	스트렙토마이세스 오리엔탈리스	그람 양성균	단백질 합성 억제
리파마이신	스트렙토마이세스 메디테라레이	결핵균	단백질 합성 억제
겐타마이신	마이크로모노스포라 퍼프레아	광범위 세균	단백질 합성 억제

만화로 본문 읽기

선생님, 저희 엄마는 조금만 아파도 항생제를 맞으면 된다고 그러세요.
항생제를 과하게 사용하면 좋지 않아요. 항상 신중하게 사용해야 됩니다.

왜 그런 것이죠?
한국은 항생제 사용의 규제가 약한 나라여서 이미 그 약들의 효력을 맛보았고, 전 세계적으로도 항생제의 오남용이 문제가 되고 있어요.
약물 오남용 방지
페니실린

항생제의 오남용으로 '슈퍼박테리아'가 출현하기 시작한 거예요. 그래서 슈퍼박테리아에 대항할 수 있는 새로운 항생제를 개발하지 않으면 안 되는 시대로 가고 있는 거지요.
슈퍼박테리아라고요?
슈퍼박테리아
S
항생제

지금까지 나온 항생제가 듣지 않는 세균이 출현한 것이지요. 그러면 플로리가 페니실린을 개발한 1940년 이전의 시대와 같이 세균에 대항해서 사용할 약이 소용없게 돼요.
그것은 다시 한번 질병에 속수무책인 시대로 되돌아갈 수도 있다는 말씀이시군요.
약은 먹으나 마나야.
맞아 먹어도 맨날 아프니…, 아이고~.

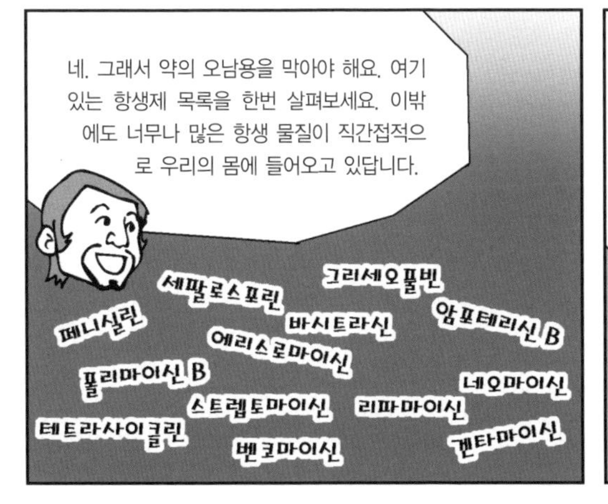

네. 그래서 약의 오남용을 막아야 해요. 여기 있는 항생제 목록을 한번 살펴보세요. 이밖에도 너무나 많은 항생 물질이 직간접적으로 우리의 몸에 들어오고 있답니다.
세팔로스포린
그리세오풀빈
페니실린
바시트라신
암포테리신 B
에리스로마이신
폴리마이신 B
네오마이신
스트렙토마이신
리파마이신
테트라사이클린
벤코마이신
겐타마이신

알겠어요. 앞으로 정말 큰 문제가 될 수도 있겠네요. 집에 가면 엄마한테도 항생제 오남용을 막아야 한다고 말씀드리도록 할게요.
꼭 말씀드리도록 하세요.

마 지 막 수 업

9

또 다른 기적의 약을 기다리며

이제 우리에겐 항생제 내성균에 대한 새로운 약이 필요할지 모릅니다.
아직도 개발하지 못하고 있는 항바이러스 제제를 찾는
또 다른 기적을 이루어 낼 수 있을까요?

9

마지막 수업

또 다른 기적의 약을 기다리며

교.과.연.계.

고등 생물 Ⅰ 9. 생명 과학과 인간의 생활
고등 생물 Ⅱ 4. 생물의 다양성과 환경

플레밍이 조금은 아쉬운 표정으로 마지막 수업을 시작했다.

미생물에 속하는 생물체들은 대개가 동물이나 식물에 질병을 일으켜요. 왜냐하면 그들은 대부분 자기 스스로 에너지를 만들지 못하고 다른 살아 있는 생물체나 죽은 생명체에서 자기들이 필요한 에너지원을 찾아내서 사용하기 때문이지요.

지금까지 이야기를 들어서 알겠지만, 세균이나 곰팡이 등은 그들이 기생해서 살면서 서로를 경쟁적으로 자라지 못하게 하는 물질을 만들어 내기도 해요. 그리고 기생해서 살게 된 숙주에서 에너지원을 빼앗으면서 숙주의 생명을 위협하게 돼요.

아직 개발되지 못한 항바이러스 제제

그런 복잡한 과정을 거치면서 숙주에 질병을 일으키는 것이지요. 또 다른 질병의 원인이 되는 미생물에는 바이러스라는 것이 있어요. 불행하게도 아직까지 항바이러스 제제는 개발된 것이 없어요. 바이러스에 대항할 수 있는 것은 파스퇴르가 만들기 시작했던 최초의 백신, 즉 천연두 백신과 광견병 백신으로 시작된 면역 요법뿐입니다.

바이러스는 자신의 유전 물질인 DNA 또는 RNA를 단백질 성분이 둘러싼 구조를 갖고 있지요. 이들 유전 물질이나 바이러스 단백질의 합성을 막을 수 있는 화학 물질은 바이러스의 숙주 세포의 유전 물질이나 숙주 단백질의 합성도 억제할 수 있기 때문이에요.

그리고 면역 요법인 백신은 치료 목적보다 예방 요법으로

서밖에 쓸 수 없어요. 그리고 바이러스는 완전히 숙주에 의존해서 살아가기 때문에 한번 감염되면 질병이 치명적이고, 지속적으로 질환을 일으키거나 질병을 일으키는 병원성으로 다른 사람에게 전염시킬 수 있는 잠재력이 크다고 해요. 감염경로도 공기나 물, 음식 또는 감염자의 혈액을 통하기 때문에 그 여파는 너무 넓고 신속하죠. 이러한 속성으로 바이러스성 질환은 인류에게 풀어야 할 숙제로 남아 있는 거예요.

많은 연구자들과 과학자들이 수많은 시간과 돈을 투입해서 항바이러스 제제를 찾거나 합성하려는 노력을 거듭하고 있어요. 최근에는 에이즈를 일으키는 에이즈 바이러스(HIV)를 치료할 약제 개발에 엄청난 노력을 쏟고 있는데도 불구하고 아직도 해결하지 못하고 있어요.

1957년 앨릭 아이삭과 그의 동료인 린든만 박사는 페니실린과 같은 길항 현상을 가진 인플루엔자라는 단백질 성분의 물질을 알아냈어요. 즉, 불활성화시킨 인플루엔자 바이러스에 감염시킨 닭의 수정란에서 독성을 가진 인플루엔자 바이러스들의 생장을 억제시키는 물질이 생성된 것이었어요. 그 뒤 많은 인플루엔자 물질을 촉진, 생성시키는 물질을 찾아냈지만 여러 가지 취약점으로 큰 성공을 거두지 못하고 있습니다.

1960년 영국으로 돌아온 체인도 페니실린 곰팡이가 갖고 있는 이중 나선의 RNA 물질이 인플루엔자 생성을 촉진하는 물질임을 밝혔으나, 그 생성된 인플루엔자의 양이 너무나 적

어서 해결책이 되지 않았어요. 최근에는 유전공학적 방법의 도입으로 다량의 인플루엔자의 생산이 가능하여 몇몇 바이러스의 치료제로서 투약되고 있는 것으로 알고 있어요.

사람들은 페니실린의 대량 배양을 위해서 페니실린 곰팡이를 계속해서 생산하도록 균을 길들이는 거예요. 미생물학자들은 그밖의 여러 미생물들을, 원하는 물질이 계속해서 생산되도록 길들이는 방법을 알아내기 시작하였지요. 처음으로 길들여지는 균이 바로 페니실린 곰팡이였어요. 인류는 인지가 발달하면서 동물과 식물을 길들이기 시작해서 농업 혁명을 일으켰어요. 산업혁명 이후 인류는 또 다시 미생물을 길들이기 시작한 것입니다. 그 여파는 페니실린에서부터 시작되었지만 그건 시작일 뿐이지요.

유전 공학이 발전되어 이제는 동물이나 식물, 미생물에 이르기까지 유전적인 조작이 가능해졌고, 인간의 복제 가능성까지 눈앞에 다가왔어요.

이제는 인류의 건강과 수명 연장을 위한 새로운 기적의 약이 개발될지도 몰라요. 그러한 일은 여러분의 앞날에 놓여 있는 과업이 될 거예요. 이제는 여러분이 과학에 대해 많은 관심을 갖고 더 좋은 약을 만들기 위해 노력해 주기 바랍니다.

그리고 이제는 항생제 오남용으로부터 항생제 내성 문제가

다시 대두되고 있습니다. 지금까지 사용되는 항생제에 내성이 생긴 세균들이 항생제에 듣지 않는 것입니다. 이 문제는 시급히 해결해야 될 문제입니다. 항생제 대체 물질이나 완벽한 항생제를 개발하지 않으면 1930년대 이전으로 돌아가 인류는 다시 세균들과 싸워야 하거든요. 만약 세균이 이긴다면 인류에게 크나큰 시련이 될지도 모릅니다. 여러분이 앞으로 이 문제를 해결해 보지 않겠어요?

만화로 본문 읽기

선생님, 그런데 감기같이 바이러스에 의한 병은 항생제로 치료할 수 없나요?
하아
하아
네. 불행히도 아직까지 항바이러스 제제는 개발된 것이 없어요.

바이러스에 대항할 수 있는 것은 면역 요법뿐인데, 면역 요법인 백신은 치료 목적보다 예방 요법으로밖에 쓸 수 없어요.
예방용
백신

그리고 바이러스는 숙주에 의존해서 살아가기 때문에 한 번 감염되면 질병이 치명적이고, 지속적으로 질환을 일으키거나 다른 사람에게 전염될 수 있는 잠재력이 크다고 해요.
으~, 살 떨려…

감염 경로도 공기나 물, 음식 또는 혈액을 통하기 때문에 범위가 너무 넓고 신속하죠. 이러한 속성으로 바이러스성 질환은 인류에게 풀어야 할 숙제로 남아 있는 거예요.
난 숙제가 제일 싫은데….

그런데 최근에는 유전 공학적 방법의 도입으로 다량의 인플루엔자 백신의 생산이 가능하여 바이러스의 치료제로 투약되고 있기도 해요.
정말요?
백 신
백 신

네. 유전 공학이 많이 발전되어 동물이나 식물, 미생물에 이르기까지 유전적인 조작이 가능해졌죠. 이제 곧 인류의 건강과 수명 연장을 위한 새로운 기적의 약이 개발될 수도 있어요.
와~, 그런 날이 빨리 왔으면 좋겠네요.

과학자 소개

페니실린을 발견한 플레밍 Alexander Fleming, 1881~1955

1900년대가 시작하면서 생명 과학은 급속히 발전하기 시작했습니다. 특히 19세기 후반부터 미생물의 배양 방법이 터득되면서부터 질병을 일으키는 세균에 대한 관심은 의학의 발달을 가져오게 하였습니다.

제1차 세계 대전이 발생하면서, 많은 군인들이 총상으로 죽거나 미지의 균체에 감염되어 인명 손실이 커졌습니다. 당시에는 질병을 일으키는 세균에 대한 퇴치 방법이 없어 많은 사람들이 병원성 세균에 감염되어 죽어 갔습니다.

1928년 플레밍은 의사로서 포도상 구균을 연구하던 중, 배양 접시에 날아 들어와 오염된 푸른색 곰팡이균 주변에 있던 구균은 자라지 못하는 현상을 우연히 발견했습니다. 어디선가 날아온 곰팡이 포자가 포도상 구균이 자라는 배양 접시에서 자라면서 무언가를 만들어 구균이 자라지 못하게 하는 것이었습니다. 그는 곰팡이에서 나오는 이 물질을 '페니실린'이라고 명명하였으며, 이에 관한 논문을 작성하여 발표하였습니다.

그러나 이 페니실린은 11년 뒤에 그의 논문을 읽은 플로리와 체인에 의해 본격적으로 연구되어 항생제 '페니실린'으로 개발되었습니다. 그러나 개발 당시 영국과 독일간에 전쟁이 발발하여, 그들은 이 곰팡이 균주를 가지고 미국으로 건너가 미국의 연구팀과 공동으로 인체에 안전하게 적용할 수 있는 '페니실린'을 제조하였습니다. '페니실린'은 병원균의 감염과 총상으로부터의 감염을 막음으로써 제2차 세계 대전에 참가한 많은 군인들의 목숨을 지켰습니다.

플레밍의 페니실린 발견은 오늘날까지 과학사에서 전설적인 이야기로 남아 있으며, 이들 과학자들은 그 공로로 1945년 공동으로 노벨 생리 의학상을 수상하였습니다.

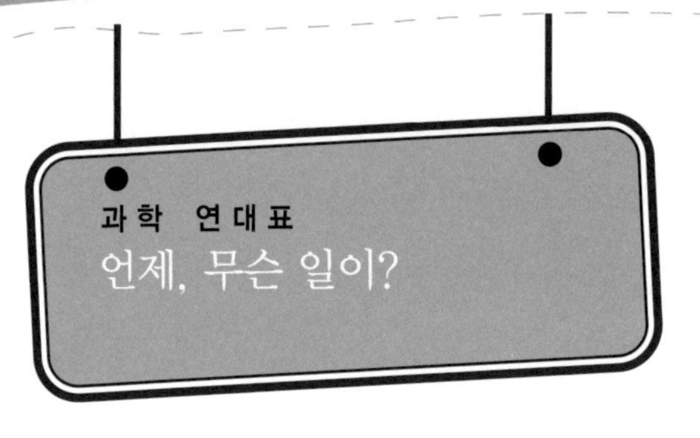
과학 연대표
언제, 무슨 일이?

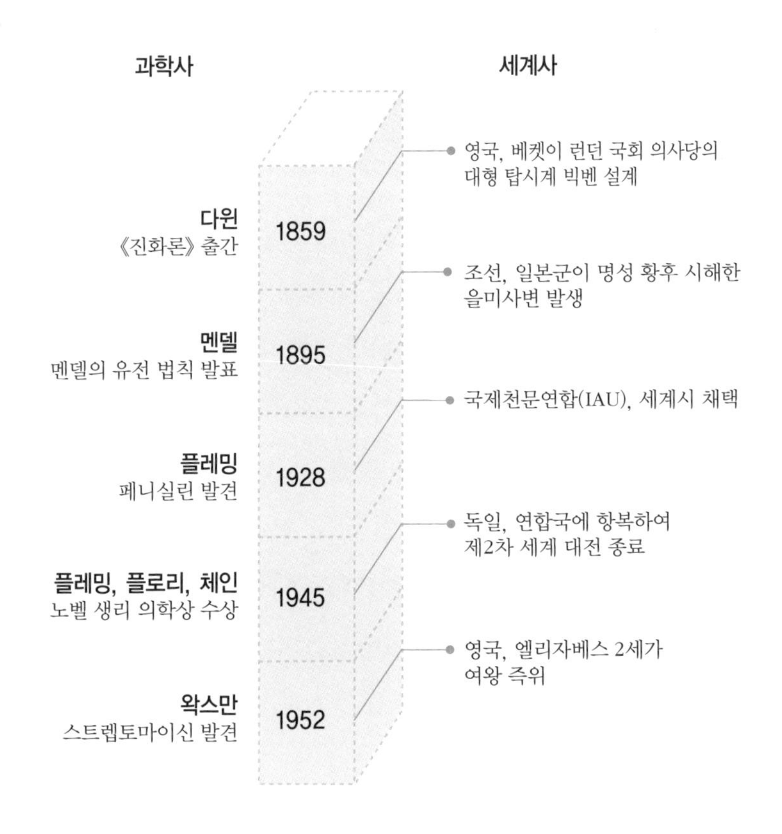
과학사
세계사
다윈
《진화론》 출간
1859
영국, 베켓이 런던 국회 의사당의 대형 탑시계 빅벤 설계
멘델
멘델의 유전 법칙 발표
1895
조선, 일본군이 명성 황후 시해한 을미사변 발생
플레밍
페니실린 발견
1928
국제천문연합(IAU), 세계시 채택
플레밍, 플로리, 체인
노벨 생리 의학상 수상
1945
독일, 연합국에 항복하여 제2차 세계 대전 종료
왁스만
스트렙토마이신 발견
1952
영국, 엘리자베스 2세가 여왕 즉위

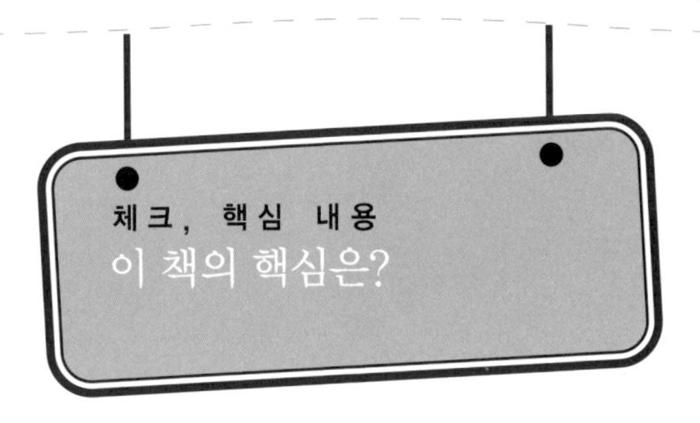

1. 죽은 균이나 살아 있는 균이 몸에 들어오면 백혈구들이 균과 싸우기 시작하는데, 이것을 □□ 반응이라고 합니다.
2. 1922년경 플레밍이 발견한 □□□□□은 요즈음에 세균의 세포벽을 분해시켜서 세포를 쉽게 깨뜨리는 데 사용하고 있습니다.
3. □□□□은 사람의 혈액 속에 침투한 디프테리아, 폐렴, 패혈증 등을 일으키는 세균을 죽입니다. 그래서 제2차 세계 대전때 총상을 입은 많은 군인들의 생명을 구해 내게 되었습니다.
4. 세균을 죽이거나 생장을 방해하는 물질들은 질병을 일으키는 병원균을 죽이는 물질이라는 의미에서 □□□라 합니다.
5. 페니실린과 같은 수많은 유사한 물질들이 생산되어 의학의 발달에 큰 도움이 되고 있으나, 반대로 이들 물질을 자주 사용하다 보니 □□□ □□□이 출현하여 다시금 인간의 생명을 위협하기 시작하였습니다.

1. 면역 2. 라이소자임 3. 페니실린 4. 항생제 5. 항생제 내성균

이슈, 현대 과학

새로운 항생제를 계속 만들어 내야 하는가?

1928년 인류 최초로 페니실린이라는 항생 물질을 알게 되고, 1939년 페니실린 대량 생산의 길이 열리면서 인간은 비로소 질병을 일으키는 병원체를 죽일 수 있는 길을 알게 되었습니다. 그 뒤 짧은 기간에 많은 항생제들이 발견되었으며, 이를 더욱 대량 생산하기 위하여 그 화학적인 구조를 알아내어 합성할 수 있게 되었습니다. 덕분에 많은 사람의 목숨을 살릴 수 있게 되었고, 항생제 생산으로 제약 산업이 발달하게 되었습니다.

그러나 한편으로는 항생제에 의존하게 된 인간이 질병으로부터 벗어나기 위해 무분별하게 항생제를 남용하게 되었습니다. 또 인구가 급증하면서 대량의 식품이 필요해지자 농업과 축산업은 대형화하여 많은 가축과 어류를 대량 생산하고자 하였으나, 병원균의 감염으로 대량 폐사의 위기에 몰리자

인간은 다량의 항생제를 사료에 첨가하기 시작하였습니다. 이로 인하여 인간 주변 환경에는 잔류 항생제가 쌓이게 되고, 이에 노출된 세균들은 항생제에 내성을 갖게 되기 시작했습니다.

이 세균들은 아무 저항감 없이 인간을 공격하기 시작하여 급기야는 슈퍼박테리아 등이 출현하게 되었습니다. 슈퍼박테리아의 출현도 문제이지만, 평상시에는 항생제에 민감하던 박테리아들이 이제는 쉽게 항생제에 민감해지지 않게 되어 항생제를 처방해도 병이 잘 낫지 않는 문제를 가져오고 있는 것입니다. 이에 따라 제약 회사들은 자꾸 새로운 항생제를 개발해 내려고 안간힘을 쓰고 있습니다. 그렇지 않으면 플레밍이 페니실린을 발견하기 이전의 시대로 되돌아갈 수도 있기 때문입니다.

이를 방지하기 위해서는 무분별한 항생제 남용을 막아야하고, 청결한 환경을 유지하여 건강한 인간의 삶을 유지시키는 길밖에 없을 것입니다.

찾아보기

어디에 어떤 내용이?